珍藏版
第二版

Self-control Makes Successful Teenager

WHO 你在为谁读书3 ARE YOU STUDYING FOR

自控力成就杰出青少年

余闲 著

長江出版傳媒
长江少年儿童出版社

作者简介

余闲

作家，学者，心理咨询师。本名柳伟平，1981 年生于浙江省兰溪市，浙江大学生物学学士，文学硕士，现任教于中国计量大学。他以天马行空的想象、广博的知识体系著称，洞察青少年教育和心理现状，创作独具特色的教育励志小说《你在为谁读书》系列，将校园小说和先进教育理念融为一体，自 2006 年推出以来，畅销超过 120 万册，成为青少年励志经典，入选新闻出版总署向青少年推荐的百种优秀图书目录，荣获湖北省首届出版政府奖、浙江省哲学社会科学优秀成果奖、湖北省精神文明建设“五个一工程”优秀作品奖、上海国际童书展“上海好童书”等奖项。

此外，他还著有长篇小说《我们爱着爱情的什么》，学术著作《天人之境：杭州城湖共生模式的生态美学解读》《吴兴华诗注释赏析》《忧国诗圣杜甫》及教育散论《哈佛精英的人生规划》等。

内容简介

本书是《你在为谁读书》系列的第三部，承接了第二部的故事情节。

杨略经过人生规划，确立了目标，却遇到了种种新的问题：空有雄心万丈，却只有三分钟热度，稍作坚持就偃旗息鼓；作业总要拖到最后一刻，才哭着做完；不懂时间管理，做事东一榔头，西一棒子，忙忙碌碌，效率却很低下……面对高考的重压，杨略陷入了极大的恐慌。父亲及时地告诉他：要取得好成绩，实现自我价值，必须具备强大的自控力。

那么，自控力怎么培养呢？父亲融合心理学、神经分析、人格与情绪管理、思维与动机分析原理，凝结成十堂课告诉他，自控力训练要分两步走：第一是开源，通过锻炼提升自控力，科学方法有人生规划、培养使命感、克服拖延、刻意练习、专注热忱等；第二是节流，因为自控力有极限，需要科学方法加以利用，科学方法有目标分解、时间管理、压力管理、劳逸结合、习惯培养等。

杨略深受启发，逐一认真修炼，提升了自控力，不仅取得了成绩的进步，而且养成了受益一生的进取心态和良好习惯。

《你在为谁读书》系列

精彩回放

《你在为谁读书 1:一位 CEO 给青少年的礼物》

杨略是个初二学生,却没有感觉到升学的压力,一如既往地浑浑噩噩,成绩不尽如人意,时好时坏,与他的认真程度成正比,是个典型的脑子聪明而不愿用功的孩子。

暑假里的一天,他收到一封神秘来信,署名倪甫清。信中的一段话,让他醍醐灌顶:"年轻人,你年方 16,正是初升的太阳,充满着希望。你是要去高远的天空中放射光芒,给人间以无限的温暖;还是仅仅在地平线上优游,不思进取,浪费时光?"

他不由得想,我真的甘心一事无成,了此残生吗?如果真的是这样,我们在世界上生活,到底有什么意义呢?他决定改过自新。同时心里又满是疑惑,这倪甫清到底是谁呢?

而神秘的来信每个月初都准时翩然而至,谈意志、谈勤奋、谈爱心、谈兴趣等等,一共 10 封信,且对杨略的一举一动明察秋毫。就是这 10 封神奇的来信,把杨略修理得口服心服,并按照信中教给他的招式修炼起来,最后竟成了世人眼中的好孩子。

在第 11 封信中,杨略得知,倪甫清就是"你父亲"的谐音。原来爸爸忙于工作,平时父子很少沟通,因此想到了用神秘来信的方法,给儿子以帮助。这令杨略非常感动。

《你在为谁读书 2:青少年人生规划》

进入高中以后,杨略学习努力,成绩不错,但不幸遭遇了一场车祸,让他陷入迷茫:既然人生充满意外,又很短暂,那么努力和享乐又有什么区别?他父亲慢慢告诉他人生的意义。从这里开始,众多人物开始陆续登台。

凌霄、余振、楚当当都是出身工人家庭，经济条件一般，有自己的爱好：凌霄爱电脑，余振想经商，楚当当迷画画。但家人不支持，于是他们不知所措，乃至反抗。余振独自去做生意，遭遇现实的残酷。楚当当辍学去自由画画，遭遇画技的瓶颈。而凌霄却因电脑编程而迷上网络游戏。葛怡长得漂亮，成绩也好，但无特长，无目标，羡慕这帮朋友："杨略喜欢写作，猴哥喜欢电脑，大头喜欢经商，虽然现在跌跌撞撞，但至少有个方向。可是我呢？唉，每天努力学习，到底为了什么？"陈高照是名贫困生，偷偷出去打工挣钱，不幸受伤，加上误选了文科，更觉百无聊赖。富家子弟陶坷坷一出场就飞扬跋扈，自命不凡，以杨略为假想情敌，处处与他争高下，寸步不让，倒也积极上进。在全市篮球比赛中，他迫不得已与杨略合作，结果获得了胜利，于是尽释前嫌。他不再与杨略竞争，却失去了人生方向，又变得颓废迷茫。

现状如此严峻，那有没有办法解决呢？书中出现了一个人生导师——杨略爸爸，对这些迷茫的少年进行指引。他的方法就是人生规划的10堂课，其逻辑关系是这样的：

人生意义在于实现自我价值，自我实现需要人生目标，而人生目标需要设计，包括崇高理想的培养和职业道路的规划，崇高理想需要责任心的培养，职业道路规划需要了解自己、了解社会。有了人生规划以后，还需要坚强的意志、和谐的心态去达到人生目标，实现自我价值，收获人生意义。

通过这些课程，葛怡爱上了教育学；陶坷坷因为家庭背景，选择了学习管理；而杨略呢，实践了自己的写作梦想，有了成绩，也发现了不足，要好好进修；凌霄、楚当当、余振经过与家人的沟通，都坚持了自己的梦想；陈高照伤愈返校后，选择了理科，因为他对草木虫鱼感情很深，想为生态文明的建设做出贡献。迷茫的少年们得到启示，终于各自确定了人生方向，精神面貌也变得阳光开朗。

目录 MULU

第七章 / 141

管理学家彼得·杜拉克说:“不能管理时间的人,就不能够管理一切。”时间管理的目的,就是有效利用时间,活得充实,取得成就,同时又张弛有度,掌控自己的生命,留出时间去领略天地之大美、亲情之温暖,充分享受自己的生活。

第八章 / 169

他们在玩电脑游戏时,“升级”和“获胜”随时可能出现,头脑里的奖励中心被打开,多巴胺大量分泌,于是受到激励,黏在椅子上起不来。此外,微博、微信也能让人深陷,不停刷页面,回复评论,脸上挂着傻傻的微笑,就像小白鼠想再感受一次电击一样。对于胸有大志者而言,再没有比这个更让人丧气的了。明明志在蓝天,双脚却被杂草羁绊,心中难免焦躁,恨自己经不起诱惑,浪费了大好时光。

第九章 / 187

一味苦读会使大脑产生自我抑制，容易导致学习疲劳、降低学习效率，对考试非常不利。所以，我们要学习程朱诸子教人为学的方法：“优游涵泳。”学习余暇，可以选择体育锻炼，也可以选择散步优游。落叶季节看黄叶覆地，春暖花开时看花瓣明艳、蝴蝶息羽。休憩片刻，再回到课本中去，肯定会有豁然开朗之感。

第十章 / 207

如果把人比作一张琴，完全不焦虑，不紧绷，琴弦就会松弛，拉不出声响。如果焦虑过甚，琴弦又容易绷断。只有在良性焦虑中，琴弦上才能飞出快乐的黄莺。所以，我们的内心要保持适当的焦虑。面临考试，需要一个目标，既有挑战性，又不是太高远，让自己处于良性的焦虑之中，这样才能催促自己努力，并在考场中超常发挥。

尾声 / 229

第一章

自控力强的人更有进取心，能更好地控制自己的注意力、情绪和行为，做事更有效率，学习表现更优异，生活更快乐，身体更健康，人际关系更和谐，恋情更长久，收入更高，事业更成功，也能更好地应对压力，解决冲突，战胜逆境，寿命也更长。

杨略骑着自行车，飞驰在一条林间小路上。路边野草疯长，金钱松的树干光秃秃地直冲到云霄，才展开枝叶，像一朵朵怒放的烟花，枫香、榉树、香樟相互依偎，共同交织成苍翠的森林。阳光如利剑刺破树冠，照见白雾在林中蒸腾，四处弥漫着清新好闻的气味。

杨略将双脚蹬得飞快，高大的乔木一闪而过，眼前逐渐变得开阔。森林退到身后，无边的草甸取而代之，随风起伏的绿草间，闪烁着红黄蓝紫各色花朵。天空被白云擦洗得明净湛蓝，一只雄鹰在云间盘旋。

杨略的车子顺坡下行，速度越来越快，起先还追着风，后来，风就落在了后面。浓郁的芳香，伴随旷野的自由气息，灌入他的双肺，他忍不住大笑起来，高喊起来。

他的手离开了车把，展开双臂，抬起了头，迎着浩荡清澈的长风，大口大口地呼吸，心里奔涌着强烈的快乐。

这时，他感到肩胛骨有些发胀。他知道，时候到了。

继而膨胀感越来越强烈，他大叫一声，一对翅膀忽然伸了出来。

但他并没有慌张。因为每年的夏天，他都会长出翅膀。不过他从来没有告诉过爸爸妈妈。这是男孩子的秘密。

刚伸出的翅膀还有些湿漉漉的，像新孵化的小鹰，显得娇弱无力。也难怪，如果我们把双腿蜷缩起来，一年都不去用，也会变得瘦弱不堪的。不过，在夏天的热风中，翅膀舒展开来，一下子就干透了，白色的羽毛在阳光下闪闪发亮。

杨略缓缓地挥动着翅膀，感到肌肉逐渐灵活有力，然后猛地往下拍动，身体渐渐脱离了自行车。他飞起来了。

他起先觉得有些吃力，动作生疏笨拙，身体一上一下，好几次差点挂到了灌木丛。但很快他就掌握了技巧，身体在平稳地上升。这时，一股大风从森林里呼啸而来。他灵活地驾驭着大风，像海里的冲浪者，借着风力，一下子冲上了高空。

“呀呼——”

他自由地翻着筋斗，来到云层之上，然后敛起翅膀，开始往下俯冲。他像超人一样伸出右手，急速地穿透云层，身上的衣服泼剌剌响。快要接近地面了，他才把翅膀平展着，形成一个漂亮的扇面，开始像雄鹰一样轻松地滑翔。

他看到草地上有牛羊在安静地吃草，河流闪着亮光，蜿蜒地流淌。接着，他飞到了森林上空，看到蓊郁的树木中间，有个蓝色的湖泊，游弋着许多洁白的天鹅。他朝着湖泊俯冲下去……

忽然，一道炽热的光线从头顶穿过，带着尖锐的破空呼啸声。他一回头，是一个黑色铁甲武士，背上的飞行器喷射着光焰，急速地追赶上来，手里的激光枪射出一道道亮光，往杨略身上招呼。杨略猝不及防，一时心慌意乱，只顾用力地拍动翅膀，身体上下翻飞，躲开激光，不多时，就浑身大汗淋漓，又被大风吹干。铁甲战士越来越近了，杨略一回头，就看见那张狰狞的脸，皮肤黑得像锅底，生满了疣子，嘴巴张得老大，露出黑黄的尖锐牙齿。

这一照面，让他心惊胆战，翅膀麻木了一下，身体猛然一坠。他振作起来，用力扇动翅膀，又往高空里飞去，但这一来反而害了他。向上爬升的时候，翅膀铺展在铁甲战士面前，成了活靶子。一道激光穿透了他的翅膀，顿时出现一个焦黑的圆洞。

他大叫一声，往一个山谷陨落，眼看就要撞到坚硬的岩石……

“略略！起床啦……”

一个声音由模糊到清晰，将杨略从梦境中扯回来。他恍惚地睁开眼睛，心脏还在狂跳不止。是爸爸站在面前，白色挺括的衬衫上系了一条天蓝色的真丝领带。

杨略清醒过来，晃晃脑袋，把梦境驱赶出去，身上还流着一片冷汗。

“做梦了？”爸爸在床边坐下来。

“嗯，梦见长了翅膀，正飞得高兴呢，后面来了一个铁甲战士，一枪就把我打下来了。”说到这里，杨略嘿嘿一笑，有些惭愧。毕竟，自己都18岁了，还做这么幼稚的梦。不过爸爸听了，只是微微一笑，摸摸他的脑袋。在爸爸眼里，儿子永远不会长大。

杨略忽然想到了一件事。

“爸，你要出发了吗？”

他看了一眼墙上的挂钟，才早上6点。今天是新学期报到日，暑假过完了，接踵而来的是让人闻之色变的高三。而爸爸呢，恰好要出差去美国，为期三到五个月。

“是10点的飞机。不过，我想早点出门，先去趟公司，交代一些事情，然后再去机场。你知道的，我这一走，恐怕要三五个月呢。”说这话的时候，爸爸不自觉地皱了下眉头。最近他的脸色不太好，呈现出淡淡的棕黄色，眼角的皱纹变深了，重重的眼袋显得无精打采。

“爸，你昨晚没睡好吧？”

“最近老是这样。事情太多了，人就陀螺似的停不下来。不过啊，到了飞机上，我倒可以踏踏实实睡一觉了。”

爸爸有些自嘲地笑起来。从杭州到洛杉矶，的确要在飞机上待十几个小时。爸爸是个劳碌命，平常也闲不住，家里、公司里，有的是操心的事情。飞机上没事可干，只好休息了。

“可飞机上能睡踏实吗？得坐那么长时间，脚都得肿了。”

杨略念叨着，穿好了衣服。一件绣着蓝色校名的短袖T恤，一条宽大的运动裤。这是他们的校服，平常是不愿穿的，可今天是报到日呢，难免要形式一下。

“爸，我去机场送你吧。反正，今天是报到，晚点去没关系。”

爸爸正要说话，房间门口响起了妈妈的声音。

“略略，我送你爸去机场，你就别去了，吃了早饭就去学校。”

话音刚落，妈妈出现在门口，眼睛有些红肿，像是刚刚哭过。虽说是老夫老妻了，但要分别三五个月，难免会舍不得。杨略这样想着，就有些感动，心里甜丝丝的。

“妈，你们想要卿卿我我，不要我这电灯泡了？”

说完就笑起来。可妈妈却没笑，眼眶闪着泪光，转身出去了，房间里的空气顿时有些沉闷。爸爸附和着笑了两声，但眼睛里却没有一点笑意，只是说：“往后你就读高三了，是得珍惜时间，今天到了学校，欧阳老师肯定会开班会，说说高三的注意事项，你可别错过了。”

杨略察觉到一些异常。他们这是怎么了？估计是妈妈不愿爸爸出远门，两口子为此还闹着小矛盾吧。

“明知我高三了，你还去美国……”

杨略轻声嘀咕着，爸爸听到了，就拍拍他的肩膀。

“我也想陪你啊，不过一来呢，我觉得你长大了，总要独当一面，不需要我陪。二来呢，我去美国谈合作，也算进修，机会难得。而且，我们还可以写信啊。这可是我们的老传统了。”

父子二人顿时沉入甜蜜的回忆中。读初中时，杨略叛逆了，不思进取了，爸爸就写了 10 封匿名信，让他洗心革面，受益匪浅。读高中时，杨略遇到车祸，忽然觉得努力学习，或是不思进取，其结果都是死亡，于是质疑人生的意义，爸爸又给他上过 10 堂课，谈人生意义，谈人生规划，让他确定了人生目标，从而走出了低谷期。杨略还想着，到高三了，进入人生关键时刻，爸爸应该与时俱进，给他更恰当的指导，更强大的动力，陪他度过艰难的高三。

“爸，你是不是又想写信给我上课啦？”

“对啊，我刚刚冒出一个想法。”

“是什么呢？”

“那就看你现在最需要什么了。”

杨略假装认真地想了一会儿。

“我最需要的，就是明年的高考试卷。”

“好，我让美国联邦调查局帮忙，有他们出马，偷个试卷，还不是易如反掌？”

“啊？那还是算了吧，别因为我影响了两国友谊啊。”

他们笑着走出房间，在餐桌前坐下。妈妈精心做了早点，有水果蔬菜沙拉，刚烘烤的泡芙面包，煎成心形的鸡蛋。窗台上的一盆雏菊刚刚睡醒，花瓣上还留有晶莹的露珠。妈妈已吃过早饭，正在给爸爸检查行李。

杨略有些奇怪，以前可都是三人一同吃早餐的呀，尤其是这告别餐，妈妈哪能不上桌呢？唯一的解释，就是老两口真的闹不愉快了。他继续往下推理：难怪不要我去送，原来他们想趁机修复关系呢。这么一想，逻辑上就全都理顺了。杨略嘿嘿一笑，喝了一口牛奶，嚼起香酥的面包来。

“爸，你给我解解刚才的梦吧。”

杨略是经常做飞翔的梦的。有时用翅膀一飞冲天，有时拍动手掌也能低空飞行。而且每次梦里，都是在阳光灿烂的夏天。因为杨略一直觉得，夏天是充满传奇和浪漫的时节。可惜啊，暑假过完了，高三开始了。而就在这节骨眼上，重新梦见飞翔，意味着什么呢？

爸爸说：“梦见飞翔，就是向往自由。略略，你觉得不自由吗？”

杨略立即做痛心疾首状。

“我是苦逼的高三生，哪还有自由？唉——”

“所以你就梦见铁甲战士了？”

“对！那个铁甲战士，肯定就是高考，瞧他那模样，黑不溜秋，精巴干瘦，还一脸凶相。”杨略说着，就狠狠地咬了一口面包。

“嘿嘿，怕高考怕成这样……”

这话似乎伤了杨略的自尊，他就沉思了一会儿。

“倒也不是怕，可我听别人说起高三，都是暗无天日，形同坐牢，整天炒冷饭，搞题海战术。而我呢，恰好又是最喜欢自由的，就像你说的，发挥自己所长，做点喜欢的事，比如写点诗歌小说。所以啊，我现在最担心的，就是能不能适应那种生活。”

爸爸也陷入沉思，正要说话，妈妈拖着大箱子从房间里出来。

“启清，我们得走了。小李打来电话，他已经在楼下等了。”小李是爸爸的助手，有时也兼任司机。

爸爸吃得不多，擦了擦嘴巴，站了起来。但意外的事情发生了，他的身子晃了一晃，赶紧用手扶着桌子，额头上沁出豆大的汗珠子，脸色顿时变得蜡黄，眉头紧紧锁起。

杨略吃了一惊，站起来要去扶他。

“爸，你怎么了？”

爸爸吐了口气，闭着眼睛摆了摆手。

“没事，坐久了，猛一站，就容易晕。”

“哦。”杨略点点头，这倒也是常事。他平常喜欢坐着马桶玩手机，坐得久了，站起来也会眼冒金星，或者双腿发麻，这是大脑供氧不足所致，休息一会儿就好了。可爸爸的反应，难免有些过头了。

幸好爸爸很快就恢复常态，表情宽舒，带着淡淡的笑意。

“略略，你吃完饭，把碗洗一洗，然后去上学吧。”

“好，爸爸你路上小心。”杨略心里到底有些不安，就跟上前去。

爸爸走到门口的时候，忽然回过身来，伸出双臂，一把将杨略抱紧。杨略有些发懵，虽然他们父子俩关系不错，可是很少有这样亲密的举动。不过，这种温暖亲近的感觉还是很不错的。

爸爸搂了一会儿，感觉到儿子结实的肌肉，就用力地拍拍杨略的肩背，才松开了手臂。

“儿子，你可真是长大了。好了，爸爸走了。”

“嗯，爸爸再见，到美国多打电话多写信啊。”

在拥抱的时候，杨略明显感到爸爸消瘦了，皮肉有些松弛。等爸爸回来，一定要和他多多锻炼，打篮球啊，跑步啊，什么都行。电梯门合上时，杨略用力挥挥手，似乎看到爸爸的眼里隐隐闪着泪花。当然，或许那只是顶灯照在爸爸眼镜上的反光罢了。

虽说对高三有些恐惧，但杨略毕竟素性潇洒，所以真的开学了，就觉得高三和往日也没什么区别。正式开学的第一天，他和往常一样，听了一天课，完成了作业，等吃过晚饭，就拿着新买的篮球，去体育馆找自己的队友。

正是江南9月，傍晚炎夏稍退，暖风依然熏人，霞光从西边平平地射来，将教学楼和梧桐树染得像云彩一般橘黄。花坛里小路边，都藏着小音箱，演奏着清新的钢琴曲，叮叮咚咚，像是清泉在林间鸣响。

杨略不禁身心愉悦，脚步轻便，踩着音乐的节奏，不多时就来到体育馆。教练韩琦正在篮球场上给一些球员训话。那些球员基本上是高二的学弟，之前的板凳队员。还多了几张陌生脸孔，从黝黑程度来判断，应该是高一的新生，刚刚经过军训的炙烤。

杨略不由疑惑，自己的搭档陶坷坷、高恒等人怎么都没来？倒是那些高二的学弟们看到杨略，无不露出喜悦的表情，暗暗点头招手，又炫耀着对身旁的高一新生轻声说："看到了没？这就是杨略，三分王！"

杨略一听到这个称号，立即回到了上学期的全市篮球决赛之中，听到了观众的呐喊声，也闻到了汗水辛辣的气息。当时临近终场，他们王者队眼看要落败，而就在最后一秒钟，他的一记三分球命中，扳平了比分，此后又在加时赛中与陶坷坷刀剑合璧，力挽狂澜，拿下冠军，一时让人津津乐道，成为一中的传奇。高一新生显然也听说了杨略及其王者队的光辉业绩，目光中满是崇敬。

韩琦发觉他们心不在焉，循着他们的视线，看到了杨略，却一脸惊讶。

"杨略，你怎么还来？"

杨略比他更惊讶，在他看来，球队就是他在学校除了教室以外的另一个家。

"我不该来吗？"

"你高三了呀！"

"高三就不打球了？"

韩琦身材健硕，伸出蒲扇般的大手，一拍他的肩膀，笑了。

"打球可以，但肯定不能打比赛。"

"这是哪门子规矩？"

"当初重建球队的时候，校长下过死命令，高三学生绝对不能参加比赛。你忘啦？”

他们一中在篮球比赛中曾有辉煌战绩。但自从换了校领导，对体育事业并不重视，一时间球队人才凋零，后来几乎是逢赛必输。韩琦痛心疾首，发誓要组建一支强队。校长同意了，但只允许高二学生参加。韩琦如获至宝，平常在操场上用心观察，将杨略、陶坷坷、高恒以及钟峰等篮球高手收罗起来，前锋、中锋、后卫齐全，队伍极为强大，终于重塑辉煌。只可惜，辉煌之后，竟然就是落幕。杨略有些泄气。

韩琦的脸上也露出落寞的神情。

“陶坷坷他们刚才来过了，我本来想着，人才难得，干脆再带你们练一阵，参加秋季省里的篮球赛，谁知道教导主任刚好从这里过，硬是把他们拖回去了。”

“教导主任？”

“就是沙元振，你们的英语老师。”

“哦，是沙皮……”

杨略差点脱口说出了外号。教导主任名叫沙元振，是他们班的英语老师，第一次上课时，班里的漫画高手陈子轩觉得此人面容奇异，突发灵感，画了一匹沙皮狗，五官虽有些夸张，却与沙元振十分神似，令人捧腹。陈子轩也得意，贴在微信上、微博上，一时流传很广，“沙皮狗”的外号深入人心。

那些学弟们很激动，纷纷诉说刚才的经过。

“那教导主任可横了。韩老师磨破嘴皮子，他都不听，倒把韩老师骂了一通，说什么没大局意识，不顾学校声誉。”

杨略感觉一股怒气直冲脑门。

“声誉？咱们篮球队参加省赛，不是给学校脸上贴金吗？”

韩琦脸上满是尴尬，冷笑一声。

“在他们眼里，球赛得奖屁事不顶，高考升学率才是王道！杨略啊，你回去吧，好好念书，考个清华北大，也给我争口气，省得人家总说我们篮球队都是四肢发达头脑简单！”

这分明是逐客令了。杨略没有办法，走也不是，留也不是，只好拍着篮球，平息着情绪。学弟们都围着他。

“学长，你是偶像啊，以后有空就来指导我们吧。”

这话很是客气，但正因为客气，就显得生分。就像一女孩对追求者说：“我很感动，不过，你做我哥哥吧。”杨略也是这种感觉，就算被当成偶像，也不如自己上场比赛来得过瘾啊。

可是没办法，谁让自己高三了呢？

杨略怏怏地回到教室。虽还没到晚自习时间，但教室里只有一片沙沙声，仿佛春蚕进食，没有一点说话声。他倒吓了一跳，难道是在考试吗？往四下里一看，只见黑压压的人头，大伙儿全都埋头做题。只有陶坷坷的位置空着，他要参加美国高考SAT，故而不参加晚自修，却去新东方补习英语。高恒最近转学了，他原本成绩就跟不上，加上他爸爸换了公司，就回老家去了。

杨略赶紧回到自己座位，面前果然有一份英语的空白试题。他用胳膊肘捅了捅同桌曾泉。

“怎么回事？下午不是刚做完了份英语卷子吗？”

曾泉外号大嘴，擅长文史，极幽默诙谐，此时却一脸苦相，压低了声音说：“这不是沙皮狗刚发的嘛！说是明天上午要讲解。”

“哼，哪儿都有他！”

杨略一拍桌子，声音有点大，坐他前排的葛怡回过头来。

“你怎么了？”

“这沙皮狗，刚刚把我们王者队给拆散了，硬是不让我参加省里比赛。”

“为什么呀？”

“因为我高三了呀。”

葛怡“哦”了一声，钢笔支着下巴，想了一会儿才说：“这倒也对，高三了，比赛能放就放一放吧。你想啊，就算得了省里冠军，你也没什么加分，反而耽误了时间，会影响高考，得不偿失啊。”

她扑闪着大眼睛，说不尽的清澈认真。虽说这话估计和沙元振的想法一脉相承，但杨略的怒气不由消了，刮了一下她白嫩挺直的鼻子。

“唉，你真是个乖乖女。”

葛怡也不闪避，接受了他亲昵的举动，微微一笑，这才回过头去，静静地做题，不时把飘垂的头发编到耳后，露出白皙的耳朵和脸颊，让杨略觉得心旷神怡，于是也低头做题，偶尔看一下手表，发现时间已接近6点，忽然记起一事，侧过脸去低声问曾泉：“那我们的歌会呢？”

所谓歌会，就是在晚自修前10分钟，由一位嗓音明媚的同学教大家唱歌，有些是新近流行的曲子，有些是沉淀多年的老歌。在齐声合唱时，年轻的心就悠悠地浮起来，看到山峰连绵，看到碧水清流，这是大家最幸福的时光。

曾泉头也不抬。

“歌会？估计也取消了，谁让咱是苦逼的高三生呢？”

没有比赛，没有歌会，只有无穷无尽的试卷，这就是高三啊！杨略叹了口气，也淹没在沙沙的春蚕声中了。

9点钟，晚自修结束。杨略是不住校的，就骑个单车，与同学一起回家。他内心里是极愿意和葛怡同行的。但在高三这个特殊时期，早恋是个敏感话题，老师们对此非常忌讳。他可不想落什么把柄在别人手里。

一路上，他和同学聊些时政，骂骂应试教育，说一些老师的闲话，也算过了点嘴瘾。到家后，妈妈给他端来一个自烤面包，一碗银耳莲子汤，让他补上一补。他吃了一些，洗漱完毕，就打开电脑，看看今日时政。这是他的老习惯了，关注国内外大事，虽是高三，也一日不辍。

这时，屏幕右下角闪出一个新邮件提醒。发信人是他爸爸。爸爸刚到美国，就来信报平安了吗？

第一课　自控力决定一生命运

亲爱的杨略：

见字如面。

此前我们用了半年时间来探讨人生规划。如今看来，课程取得了预计的效果，你基本上确定了人生目标。对比同龄人，你已占据了先机。因为有太多的人从未关注自己的禀赋和能力，也从未寻找最适合自己的事业，一辈子浑浑噩噩，随波逐流，最终难有所成。

确定了人生目标后，接下来的任务更为艰巨，那就是如何矢志不移地追求。否则，目标就成了海市蜃楼，不仅无法到达，而且会时时让内心经受煎熬。

略略，你一直是个聪明的孩子。但越是聪明，越容易心浮，容易投机取巧。这正是我所担心的，因为想长成参天大树，是没有捷径可走的。你梦见飞翔，一方面说明你意气风发，对未来充满想象；另一方面也不免轻飘，难以脚踏实地。显而易见，如果你缺乏强大的自控力，那你或许会飞得很漂亮，但未必能飞得很远。

所以，接下来，我将用10周时间，给你上10堂自控力的训练课。我想，这是你目前最需要的。

掌控现在，掌控未来

经常有青少年向我诉说一个苦恼：他们不管做什么事情，都是三分钟热度，容易半途而废，不能坚持到底，这不仅造成了学习停滞，而且导致自我评价下降。有什么好办法解决吗？

还有一些大学生说，高中时有老师敦促着，他能用心学习，可一到大学，需要自我管理，他一下子就松散了，原有的梦想也逐渐忘却了。我认识许多美院的学生，他们的最后一幅作品，竟然是毕业画作。毕业之后，没有老师催促，就不再动笔，任凭画笔和才华一起蒙上尘土。

其实，要坚持做一件事情，是需要自控力的——也就是自我控制自己行为的能力。而绝大部分人，包括我在内，天生都有意志薄弱的时刻，能总是做到自我控制是很难的。

所谓自控力，有两种含义。

狭义来看，自控力就是自我控制的能力。比如你坐在房间里学习，但电脑里有游戏，抽屉里有漫画，冰箱里有蛋糕，种种诱惑在你身边蠢蠢欲动。但你都抵制住了，专注地看书做题，这时候你就使用了自控力。

而广义的自控力不仅要掌控现在，还要掌控未来。比如你选择了写作，但能否一直坚持下去呢？我们都知道，要想写出传世佳作，不花个十几年磨砺是难以实现的。而在这期间，你会不断地受到退稿信的打击。终于有一天，你收到了出版社或是杂志社的用稿通知，或者你的作品获得了大奖，并在图书排行榜上遥遥领先，于是你欣喜若狂。殊不知，这时新的考验又降临了。许多作家成名后，忙于各类活动，难以静心写作，结果难以持续进步。这时，你需要更强大、更持久的自控力，才能保持进取之心，在成功时刻保持头脑清醒，将潜能发挥到淋漓尽致。

我们都知道，自控力强的人更有进取心，能更好地控制自己的注意力、情绪和行为，做事更有效率，学习表现更优异，生活更快乐，身体更健康，人际关系更和谐，恋情更长久，收入更高，事业更成功，也能更好地应对压力，解决冲突，战胜逆境，寿命也更长。

当然，我们并不是要让自己成为一个工作狂，而只是将生命一分为二，一半高效运作，开发潜能，实现抱负；另一半则轻松享受，像林清玄说的那样：“浪漫就是浪费时间慢慢吃饭，浪费时间慢慢喝茶，浪费时间慢慢走，浪费时间慢慢变老。”许多人从林清玄的文字中得到安慰，放缓了脚步。殊不知这种浪漫，要与高效相互交叉，张弛有度，才有幸福的人生。这是我们都非常向往的人生境界。

而一个懒散的人，既没有快节奏的激情，同样也缺乏慢生活的趣味。他们只会追着美剧韩剧，深夜不睡，早晨不起，对工作学习应付了事，身体虚胖，眼泡浮肿，整天萎靡不振。你愿意做这样的人吗？

听到这里，你或许会问，自控力当然重要，可是怎么训练呢？不就是每天提醒自己要努力奋斗吗？你肯定会说，我们老师天天给我们喊口号呢，什么悬梁刺股，闻鸡起舞，人生能有几回搏之类，这些我都听腻了，大家还不都是老药一帖？还不如网上一个段子励志呢。有女生说："每次不想读书，我就照着镜子对自己说，都长成这样了，再不读书，以后谁要啊？"

其实，自控力可没这么简单，它是一种复杂的心理过程。有许多心理学家穷尽心力，直面人性优劣，总结出许多科学的、有效的锻炼方法，值得我们借鉴并且认真修炼。

想象一下，如果自控力有心理学规律可循，那么我们可以因势利导，就像庖丁解牛，让自控力成为习惯的一部分，使我们可以高效做事，获得学习的进步，事业的成功，还能得到许多自由时间，品味我们的生活，全面提升幸福指数，那该有多美好！

略略，一想到这里，我就心潮澎湃，我多么希望你不仅品学兼优，事业有成，还能享受人生。所以我刚坐上飞机，就构思着这封信。现在你面临着高考，这是一个艰难的挑战，但同时也是一个绝好的机会。你想高考得意，必须具备强大的自控力。而同时，你在备考中磨炼出的自控力，将对你的一生产生重要影响。

那你就把备考阶段看作修炼自控力的最佳时机吧。

创造奇迹的不是天才，而是自控力

不可否认，我们常常被自己打败。

一位中学生成绩不好，于是自我放弃，得过且过。

一位大学生因为一款新出的游戏，而终日沉迷其中，荒废了学业。

一位年轻人学画多年，但总觉得进步不大，耐不住寂寞，放下了画笔。

一位女士抵挡不住蛋糕的诱惑，放弃了减肥计划，夏天来时，苦恼于没有好身材。

一对恋人在大学里相爱四年，毕业时在两地工作，觉得前景黯淡，于是选择分手。

……

这些人，都坚持不下去了。

当然他们都有理由。

中学生说，我压根不是读书的材料。

大学生说，现在是"大学大学，大概学学"，学了也是没什么用。

学画的年轻人说，现在生活压力大，当他遇到房价物价等现实问题，参加同学会发现别人做生意腰缠万贯，而自己穷守梦想，心里就酸溜溜的，不平衡了，于是就把梦想丢弃。现在他的QQ签名上写着："别和我谈理想，戒了。"听上去多酷！

那位女士看到闺蜜们体型大都相似，于是心平气和。唉，这把年纪了，总会发福的。

那对恋人说，两地分居，感情会淡的。

看，他们说得多有道理，但他们似乎都没有看到，有人天资一般，但持之以恒，终于学业有成；他们似乎从未了解过，哈佛凌晨4点半，图书馆灯火通明，精英们废寝忘食，博览群书，把握着时代的脉搏；他们似乎忘了，艺术家都需要十年二十年的潜伏期，静心学习，苦练技艺，才能妙笔生花；他们也不会睁眼看看，有那么多中年男女坚持健身，身材匀称，精神抖擞，气质迷人。

至于两地分居，根本不是分手的理由。我曾去拜访过一对浙江大学的百岁教授夫妇——陈锡臣和王梦仙。抗战时期，浙大西迁，陈锡臣作为学生，也随之远赴贵州，王梦仙滞留上海，两地相隔，烽火连天，一别就是五年。王梦仙心中挂念陈锡臣，便一路步行向西，历经千山万水，终于达到重庆。二人重逢，不禁悲喜交集，从此相依相伴，再不分离。在采访时，王老师说："都说结婚50年是金婚，那我们都70年了，算什么呢？"说完两人都静静地笑，却让我好生惊叹：那五年时间，天涯分离，音信全无，他们是怎样维系心中的情感的呢？

所以，无论何时，当一个人在执行某项计划，外界条件、周围的人，都没有足够的理由让他终止计划。现实或许是无奈的，沉重的，但这并不是放弃梦想的理由，而只是说明他撑不住了，自控力不够了，要沦为懦夫了，计划要泡汤了。

只有当他看见别人像骑士一样追求梦想，历经磨难终创辉煌的时候，才会为庸庸碌碌一事无成而羞愧难当。如果此时他选择崛起，那人生还大有希望，但他习惯性地为自己寻找借口："唉，我都一把年纪了……算了，没指望了。孩子，你要努力啊，来实现这个梦想吧。"

于是，他将全部希望寄托在儿女身上。殊不知，这样的重压，往往让儿女难以承受，并且会叛逆地反问：你自己碌碌无为，凭什么要求我们奋发进取？唉，谁听到这样的话，不想找条地缝往里钻呢？

康德曾说："既然我已经踏上这条道路，那么，任何东西都不应妨碍我沿着这条路走下去。"于是，现实的挫折和阻碍，就成了生命中的试金石。自控力强者持之以恒，终成贵重的黄金；自控力不足者浅尝辄止，沦为随处可见的顽石。

邓亚萍五岁就开始练习乒乓球，吃尽世间万般苦，而后横扫全球，四次摘取奥运冠军，拿完了所有重要赛事的冠军，成为"乒乓女皇"。而后，她准备退役了。辉煌之后，名利双收，她有太多的借口停止前进的步伐，享受平静的人生。但是她没有，面对以后漫长的人生，何去何从呢？她选择了转型，去清华大学读书。

可她哪有什么文化底子啊，上第一堂课时，她对老师说："我文化水平差，在清华没办法上来就跟大课，尤其英语更加不行。"

老师问："你的英文什么水平？"

她说："是零。"

他说："那你从26个字母开始吧！"

她把26个字母大小写混着写，也没能写全。这就是她刚入学的水平。

于是她开始了以勤补拙的学习生涯。

"上课时老师的讲述对我而言无异于天书，我只能尽力一字不漏地听着、记着，回到宿舍，再一点点翻字典，一点点硬啃硬记。我给自己制订了学习计划，一切从零开始，每天必须保证14个小时的学习时间，5点准时起床，读音标，背单词，练听力，而后正式上课。晚上整理讲义，温习功课，直到深夜12点。"

凭借这股劲儿，她寒窗苦读，又出国留学，终于收获学业大满贯，陆续拿下清华大学学士学位、诺丁汉大学硕士学位、剑桥大学博士学位，而后担任北京申奥大使、共青团北京市委副书记，2010年又成为"即刻搜索"公司掌舵人。

她实现了华丽转身，从奥运冠军变成政坛精英、商界女强人，是体育明星中的一个奇迹。

她是如何做到的呢？

这个秘密，就是强大的自控力。

邓亚萍自己就说："我相信，没有超人的付出，就不会有超人的成绩。这也是我多年闯荡赛场的切身体验。以前当运动员，训练累得实在动不了，只要一听到加油声，一咬牙，挺过来了。但读书呢，常常要一个人孤零零面壁苦思，那种清苦、孤独是另一种折磨，没意志、没恒心是坚持不下去的。"

我们在邓亚萍身上发现，体育和读书一脉相承，她在体育比赛中练就了强大的自控力。这种自控力，不仅让她在赛场上所向披靡，也让她在学业上攻城略地，演绎了"勤能补拙"的现实版。

可见，创造奇迹的不是天分，不是环境，而是自控力。

那么，自控力的秘密，到底在哪里呢？

大脑中的自控力司令部

1948年9月13日下午，天气晴好，气温适宜。菲尼亚斯·盖奇和往常一样，与工友一起铺设铁路。他今年25岁，身材高大，体格健壮，性格开朗。棱角分明的脸上，总是挂着迷人的笑容。他是个领班，不过从不以势压人，对工友很亲切，做事都是亲力亲为。为了遵循工期，即便遭遇巨石挡道，他也会夜以继日，攻克难关，拥有钢铁般的自控力。

"菲尼，那真是个大好人。"工友无不钦佩。

雇主们也愿意将活儿交给他。

但这一天，意外发生了。

他们要炸开岩石，清除路障。他们先是凿洞，再埋雷管，点上引线，一切轻车熟路。盖奇与工友们言语轻松，甚至还聊起昨天的棒球赛。

突然，炸药提前爆炸了。一根钢筋炸飞出来，不偏不倚，穿透菲尼的左脸颊，从头顶飞出，落在十米开外。菲尼顿时血流如注。

大家都被吓傻了。

"菲尼！"

但血肉模糊的菲尼并没有断气，倒在地上不停挣扎，哀叫着用手去捂左脸。

工友们七手八脚，将他抬上牛车，送到住所。医生立即进行了包扎，将头盖骨装回，做了头骨复原。两个月后，他神奇地恢复了，又回到了工地。

大伙儿都很惊喜。

"菲尼是个好人。瞧，上帝都眷顾他。"

但很快，大家都看出来了：菲尼并没有回来，回来的只是一个穿着菲尼皮囊的陌生人。他性格古怪，情绪多变，经常粗暴地侮辱别人，缺乏耐心，事情稍有不如意，便大发雷霆。

工友们惋惜地发现，盖奇的自控力消失了，他一遇困难就退缩，并且开始酗酒，骂人，最终失去了工作，穷困潦倒，最后靠四处展览伤口谋生。

科学家对他的大脑进行了分析，发现那根钢筋破坏了他的前额皮质。前额皮质位于额头和眼睛后面，是自控力的司令部。

我们可以这样理解，我们只有一个大脑，但有两个自我。一个自我任意妄为，目光短浅；另一个自我则克服冲动，深谋远虑。而后一个自我，就是前额皮质在起作用。

比如我们在教室里安静地看英语，它就在起作用；当我们绕着操场跑步，一圈又一圈，气喘吁吁，但没有放弃，它就在起作用；当我们看到诱人的油炸食品，不由馋涎欲滴，但最终却拒绝进食，它就在起作用。是啊，就是前额皮质，让我们制

知识点链接：

2010年9月17日的《科学》杂志上的一项新的研究成果表明：在那些善于自控、内省，并会对其所做决定进行反思的人的脑中的某个特别区域会显得较大，这个部位就是脑子的前额皮质，其灰质容量是一个人内省能力的突出指示器。

订学习计划,展开行动,同时摆脱诱惑,集中注意力,有耐心逐一克服难题,实现预定目标。

我们可以想象,邓亚萍以及其他事业有成者,他们的前额皮质肯定非常发达。

自控力金字塔,你在哪一层?

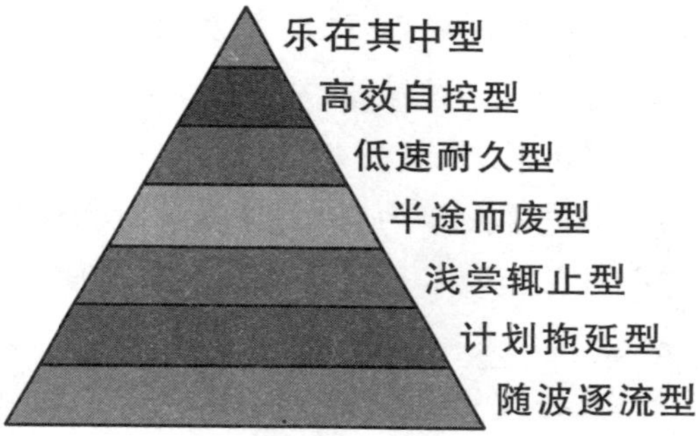

从菲尼亚斯·盖奇的例子可以看到,自控力是人类的本能,用于控制自己的行为。无论是马拉松运动员,还是得过且过的流浪汉,每个人的前额皮质都有自控力的存在,但其强弱可谓是天差地别。为了方便我们检测,我按不同人的自控力水平的高低,做成一个金字塔。金字塔有七级,对应着七类人。

第一级,随波逐流型。

他们一直在混日子,心里从没想到要做成什么事。有些人因为饥寒交迫,才会去做点事情。有些人衣食无忧,就整日消磨时光,无所事事。但丁在《神曲》中,就让这些人的灵魂飘荡在地狱边缘,非但上不了天堂,连进地狱历练重返天堂的机会也没有。

第二级,计划拖延型。

这些人永远在做计划,却总是喜欢寻找各种理由,把事情一拖再拖,最终一事无成。他们的自控力太薄弱,不足以掌控时间和生活。

第三级,浅尝辄止型。

这些人往往心血来潮,突然产生一个想法,然后开始起步,但稍微一遇到障碍,就会退缩甚至放弃。他们永远在开始,但从来不会到达。

第四级,半途而废型。

这些人愿意按计划做事，能坚持一段时间，但觉得目标实现遥遥无期，就会选择放弃。就像造房子，修了地基，垒了一圈墙壁，但离结顶还挺远，就停下来。这时非但房子建不好，连之前地基和墙壁的钱都浪费了。这是最大的不智！乐羊子外出求学，学了一年回来，妻子很诧异，这么快学好了？乐羊子一脸缠绵，我想你了嘛。可接下来没有出现温柔场景。妻子一脸冷峻，拿起剪子，嚓嚓嚓就把织了一半的布给剪断了，嘴里说道："你瞧见这布没？我是从一丝织成了一寸，从一寸织成一丈，然后才能织成一匹，如果现在停了，就是前功尽弃。你的学业不也是这样吗？"乐羊子听了，心里震撼，就继续去求学，七年不返，终于成为大学问家。

第五级，低速耐久型。

龟兔赛跑中的乌龟，缓缓而行，心平气和，从不停歇，朝目标爬去，终究会有成就。不过这样的人到底速度不快，所以成就有限，无法接受巨大挑战。

第六级，高效自控型。

这些人树立目标以后，就开始高效执行。他们的效能令人钦佩，做什么都能又快又好。同时，他们能忍受孤独，克服挫败，掌控自己的精神和肉体，也掌控自己的命运。比如史玉柱作为创业天才，五年时间内跻身中国财富榜第八位，却一夜之间负债2.5亿，此后东山再起，再次成为身家数百亿的企业家，显示出执著与毅力的魅力。

第七级，乐在其中型。

高效自控型虽然成就卓著，但他们的自控乃是刻意为之。其实卧薪尝胆，闻鸡起舞之类，都不是自控力水平的顶级高手。因为顶级高手的境界，乃是"不控之控"，乐在其中，他们自主、自由、坚韧，做事有强烈的兴趣，对身边的诱惑有种天然的免疫力。他们与自己的事业相融为一，浑然忘我。孔子说自己"发愤忘食，乐而忘忧，不知老之将至"，便是乐在求知之中。大凡对人类文明做出突出贡献者，都属于这种人。

那么，请你检测一下，你现在处于哪一种自控力水平呢？

趣味测试&魔鬼训练之检测你的自控力

下面20道题，请你逐题认真读一读，然后在题后的五种答案中选择一种(只能选择一种)，画上'√'。

1.我很喜爱长跑、远途旅行、爬山等体育运动，但并不是因为我的身体条件适合这些项目，而是因为它们能使我更有毅力。(　　)

A 很同意　B 较同意　C 可否之间　D 不大同意　E 不同意

2.我给自己订的计划常常因为主观原因不能如期完成。(　　)

A 这种情况很多　B 较多　C 不多不少　D 较少　E 没有

3.如没有特殊原因，我能每天按时起床，不睡懒觉。(　　)

A 很同意　B 较同意　C 可否之间　D 不大同意　E 不同意

4.制订的计划应有一定的灵活性，如果完成计划有困难，随时可以改变或撤销它。(　　)

A 很同意　B 较同意　C 无所谓　D 不大同意　E 反对

5.在学习和娱乐发生冲突的时候，哪怕这种娱乐很有吸引力，我也会马上决定去学习。(　　)

A 经常如此　B 较常如此　C 时有时无　D 较少如此　E 非如此

6.学习或工作中遇到困难的时候，最好的办法是立即向师长、同志、同学求援。(　　)

A 同意　B 较同意　C 无所谓　D 不大同意　E 反对

7.在练长跑中遇到生理反应，觉得跑不动时，我常常咬紧牙关，坚持到底。(　　)

A 经常如此　B 较常如此　C 时有时无　D 较少如此　E 非如此

8.我常因读一本引人入胜的小说而不能按时睡眠。(　　)

A 经常有　B 较多　C 时有时无　D 较少　E 没有

9.我在做一件应该做的事之前，常能想到做与不做的好坏结果，而有目的地去做。(　　)

A 经常如此　B 较常如此　C 时有时无　D 较少如此　E 非如此

10. 如果对一件事不感兴趣，那么不管它是什么事，我的积极性都不

高。(　　)

A 经常如此　B 较常如此　C 时有时无　D 较少如此　E 非如此

11.当我同时面临一件该做的事和一件不该做却吸引着我的事时，我常常经过激烈斗争，使前者占上风。(　　)

A 是　B 有时是　C 是与非之间　D 很少这样　E 不是

12.有时我躺在床上，下决心第二天要干一件重要事情(例如突击学一下外语)，但到第二天，这种劲头又消失了。(　　)

A 常有　B 较常有　C 时有时无　D 较少　E 没有

13.我能长时间做一件重要但枯燥无味的事情。(　　)

A 是　B 有时是　C 是与非之间　D 很少这样　E 不是

14.生活中遇到复杂情况时，我常常优柔寡断，举棋不定。(　　)

A 常有　B 有时有　C 是与非之间　D 很少有　E 没有

15.做一件事之前，我首先想的是它的重要性，其次才能想它是否使我感兴趣。(　　)

A 是　B 有时是　C 是与非之间　D 很少是　E 不是

16.我遇到困难情况时，常常希望别人帮我拿主意。(　　)

A 是　B 有时是　C 是与非之间　D 很少是　E 不是

17.我决定做一件事时，常常说干就干，决不拖延或让它落空。(　　)

A 是　B 有时是　C 是与非之间　D 很少是　E 不是

18.在和别人争吵时，虽然明知不对，我却忍不住说一些过头话，甚至骂他几句。(　　)

A 时常有　B 有时有　C 有时无　D 很少有　E 没有

19.我希望做一个坚强的有毅力的人，因为我深信“有志者事竟成”。(　　)

A 是　B 有时是　C 是与非之间　D 很少是　E 不是

20.我相信机遇，好多事实证明机遇的作用有时大大超过人的努力。(　　)

A 是　B 有时是　C 是与非之间　D 很少是　E 不是

计分方法：

1.凡单序号题（1、3、5……），每题后面的五种回答，从A到E依次记5、4、3、2、1分；凡双序号题（2、4、6……），题后五种回答依次记1、2、3、4、5分。

2.你把20道题目的得分全部加起来，查下面这张评价表，就可以知道你自己处于自控力的哪个等级。

评价表

总分	意志力
0~19	随波逐流型
20~35	计划拖延型
36~51	浅尝辄止型
52~68	半途而废型
69~84	低速耐久型
85~90	高效自控型
91~100	乐在其中型

如果你还处在随波逐流、计划拖延、浅尝辄止或是半途而废的层次，那你要及时反省，不要为成绩不佳寻找任何借口，而要扪心自问，自己这辈子甘于如此吗？因为自控力水平低下，注定了你在高考中无法脱颖而出，在以后的人生路上，你可能会中彩票大奖，但很难收获需要实力才能得到的奖项。

而如果你走上金字塔的上层，甚至塔尖，成为“高效自控型”或“乐在其中型”，那你的生活会出现天翻地覆的变化：你能赢得高考这场战役，也能将自己的人生建成一座美丽的大厦。以后，无论你选择什么行业，你都能成为其中的佼佼者，成为商界、政界、学界的领袖，拥有财富、地位、尊荣。最重要的是，你将获得人生价值的实现，成为最好的自己，足以让心灵安顿。当你老了，回首往事，会觉得人生处处有灿烂足迹，于是无愧此生。

人生真的不是一场需要赢在起跑点的百米冲刺，而是一场与自己赛跑的马拉松。学习，不是为了夺冠军，争第一，而是为了培养强大的自控力，走得更高更远，领略更多风景。

如何提升和使用自控力

前额皮质是大脑的一部分。而大脑是个器官，和我们的肱二头肌可以通过锻炼变得结实一样，自控力也可以提升，这就是“开源”。同时，正如肌肉用久了会累，自控力同样也有极限，需要科学利用，这就是“节流”。

于是，我们的方法就分为两步（如同心圆所示）。

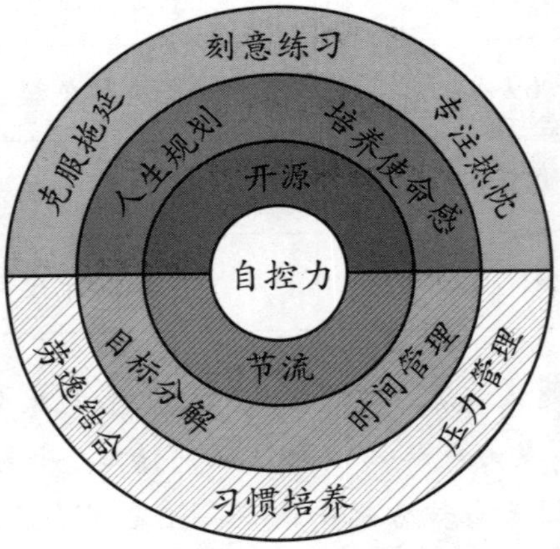

自控力训练方法

第一，开源。自控力是一种精神能量，提升自控力的具体方法如下：

（一）人生规划：按照自己的兴趣、优势智能、价值观和个性，去选择属于自己的人生目标和学业道路，做自己真正想做的事，这是自控力的最大源泉。

（二）使命感：拥有一份对个人、对家庭、对社会、对世界的大爱，把握环境和机遇，努力设计自己，成就自我，同时惠及他人。

（三）克服拖延：发现拖延背后的心理根源，各个击破，提高学习效率，提升自控力，掌控时间和生命。

（四）刻意练习：要想成功，不能停留在日复一日的重复练习，而是不断寻找新的方法，不断突破现有水平。

（五）专注热忱：当我们专注于手头有挑战性的工作，很容易达到"心流"的效果，此时最有效率，最有创造力，心情也最佳。

第二，节流。要科学有效地使用有限的自控力，就必须练习有效的办法。

（一）目标分解：将一个大目标分解为具体、可衡量、可实现、有时限、与大目标有关的小目标。同时运用承诺一致原理，将目标公布于众，促使自己行动。所以，找到志同道合的朋友，也是节省自控力的办法。

（二）时间管理：要做好日程安排表，事分轻重缓急，而后要事优先，与精力周期相对应，同时善用零碎时间。每天按部就班，可以有效节省自控力。

（三）劳逸结合：越是紧张时刻，越要锻炼身体，保证睡眠，让精神张弛有度。精力饱满的人，心态稳定，可以用较少的自控力做更多的事情。

（四）习惯培养：克服游戏成瘾等坏习惯，用多巴胺为学习服务，形成良性的习惯。

（五）压力管理：善用适当的焦虑，激发大脑活力，提高学习效率，做到超常发挥。

通过这些具体方法的反复练习，合理运用人类的心理特点，能给我们以外在牵引力。这样一来，我们像进入高速轨道一样，不需要花多大力气，就能达到高效学习的效果。

就拿我开车为例，刚学车时，脚踏离合器、刹车、油门，眼睛看着道路前方，双手握着方向盘，战战兢兢，额头手心一起冒汗，开个半小时，就觉筋疲力尽。而现在开得久了，顿觉挥洒自如，还能分出心思来轻松地聊天，听音乐。如果执行学习任务也能如此，那该多好啊。

在接下来的课程中，我将围绕着自控力训练同心圆的每个要素，进行深入的探讨。

我们今天的课就先到这里，以后每周我都会给你写信。

祝福你。

你的大朋友

倪甫清

9月8日

杨略读完了信，浮躁的心绪平息了。爸爸身在美国，现在该是白天。此刻他在做什么呢？一定在忙碌的同时，还在牵挂着自己吧。他眼眶湿润了，胸中掀起一股激情，很有种干点什么的冲动，才不会辜负爸爸的殷切期望。

他做了检测题，自己处于半途而废型和低速耐久型之间。这也是真实的。虽然他对语文一直能坚持学习，并兴致盎然。但他面对自己的弱项——数学时，心中有许多计划，但往往坚持一段时间后，就选择放弃了事。

“那是因为我学不好数学嘛。”

自从初一时，他很不喜欢那个矫揉造作的数学老师，加上正值叛逆期，就不肯花力气，数学成绩一落千丈，到了高中，成绩虽有提升，但也仅是过得去而已，从未得过好分数。

其实，在潜意识里，他就想把写作进行到底，其余无关的全都抛开，过潇洒随心的日子。以他的秉性，他还是崇拜韩寒。因为此人才气纵横，可以放弃高考，写自己想写的书，追逐自己的赛车梦，体验速度与激情，也关心时政，写些杂文随笔，嬉笑怒骂间针砭时弊，成为意见领袖。

那才是他杨略想要的生活。

他甚至还想，自己应该更潇洒一点，比如，做一位剑客，不敢说行侠仗义，但起码可以四海为家，览尽奇峰异水，写下锦绣文章。他曾写过这样一首诗，题目就叫《剑客》：

我前生当是一名剑客
躬耕，习剑
周游列国
留一脸虬须又何妨
就随意撞见一些豪客
饮火一般的高粱大曲
李白饮的那种，鲁达饮的那种
然后宽阔地大笑
下酒物尽是一盘盘
江湖逸事
偶尔
也坐在水墨的山河之侧
舀起几行绝句
又随意挥洒
就飞了
像苍龙也像流霞
融入万古之长空

这首诗是他所满意的，读起来只觉激情满腹，有豪放派的气势，就贴在博客里，赢得了许多赞美。爸爸看见了，也觉得很好，作了些评点："剑客行走江湖，必须花费精力，练就高明剑术，才有资格行侠仗义。根深方能叶茂，艺高才会胆大。世间之理，大抵如此。"

如今回想起来，爸爸也是担心自己心浮气躁，只看见侠客的矫健身手，没看见他们日复一日地重复练习招数；只看见苏东坡汩汩滔滔的诗文，没看到他早年的通览群书；只看见韩寒的洒脱，却没有看到他磨炼文笔和车技时的艰辛。所以他必须考上好大学,再扬起理想和意志的双翅,在文学世界里奋发高飞。他下了决心,要跟随爸爸的课程,将高考前的紧张备考时间,当成磨炼自控力的绝佳机会。

他相信,这将是他一辈子的财富。

第二章

优秀是从每个人的强项开始的。凡成大事者，都是在专长上充分发展，而不是盲目跟风。想象一下，如果能醉心于自己喜欢的事情，尽管追求之路“溯洄从之，道阻且长”，但因为热爱，一切都能甘之如饴，假以时日，必成大器。对他们而言，生命就是一场华丽的盛宴。

这段时间，杨略和同学们一样，每天都是6点不到便起床，草草洗漱后，赶去教室早读，等7点铃声响起，他们飞奔至食堂。因为刚搬到新校区，设施并不完善，食堂窗口少，而学生众多，于是排开条条长龙。上届高三有一男生为争点时间，甩开飞毛腿，一马当先，结果直接撞进了玻璃墙，身上多处被玻璃割伤。于是学校错开饭点，让高三学生先用餐。饶是如此，食堂内外，依然是百舸争流。

斗智斗勇吃了早饭，接着他们一整天都与试题相厮磨，直到晚上9点自习结束，住校生匆忙洗漱，忙里偷闲侃上几句，而后躺在床上，借着床头灯，抓紧时间背几个英语单词。10点统一熄灯后，他们各自拖着疲惫的身心沉沉睡去，等着第二天的闹铃响起。杨略住家里，稍微自由一点，但回到家，也要背些知识点才能睡觉。第二天又要比住校生早半小时起床赶往学校，自不免更是辛苦。

不可否认，这段日子很是充实，一切按部就班，目标明确，同学们步伐一致。许多人上了大学，自由时间一多，不免消极散漫，蹉跎岁月，反而会怀念高三时光。因为如果没有坚定的信念，明确的目标，自由比专制更恐怖。

但杨略身处高三，却总觉得，生活不该是这样。到底应该怎么样呢？他又不能明确说出。

时间过得很快，一晃一周过去，班主任欧阳老师开了次班会，内容不外乎介绍高三如何安排。因为高二时加班加点，三年课程已经学完，留下一年时间，全部用于复习。复习分三轮，高三上学期算是第一轮，而后进行一次摸底考试，简称“一模”。过完年，进入第二轮复习，四月份“二模”，五月份“三模”，而后迎接高考。

杨略一边听着欧阳老师的介绍，心思却已经飘远了。他有一个计划，想写一本小说。如今脑子里已有了一个提纲，就等着有时间破土动工。可高三整日忙于复习，哪有半点余暇？于是借欧阳老师布置周记之机，他准备每周写上一段，约莫两三千字，一年下来，估计也能写完。

今天的周记本发下来了，他原本以为欧阳老师会大加鼓励，谁料文章下面被批了几个红字："创作可以，暂时实用性更佳。"

开明如欧阳老师，此前还鼓励他写各类文体，往各类杂志投稿，现在竟也如此说，这让杨略极为沮丧。莫非一到高三，每个人眼珠子都红了，全盯着高考分数？

"实用性，实用性……"杨略一整天都在念叨这三个字。

什么是实用性？虽说现在高考作文越来越灵活，可以发散思维，除了诗歌，各种文体均可书写，不过在语文老师们看来，小说、剧本之类，虽可展示才华，但考场中毕竟时间有限，若把握不好，极容易弄巧成拙，所以还是议论文最为稳妥。开头分析材料，中间予以论证，结尾升华主题，就算文笔平庸，也可拿个基本分。若是加一些文采，必可稳稳当当得个高分。

这就是他们所谓的"实用性"。

但杨略毕竟是写过书的人，难免有些自负，哪里肯只写平庸的议论文？于是转入地下工作，买了个大本子，一有空，就偷偷写上一段。不过写小说比按部就班建房子要复杂得多，虽然有提纲，但是人物如何对话，情节如何发展，有时并不由作者做主，所以不免整天牵肠挂肚。有时几日几夜搜刮枯肠，写不出几行字；有时灵感忽至，又可以顺风顺水，倚马千言。他的心思大半都放到小说上了，课业自然就放松了些。

所以，一场危机悄然临近。

沙元振是个极勤奋的老师，既是教导主任，又常年教高三英语，晚上常常加班，治校极其严格。而且不可否认，他是名副其实的高考专家。平常分析试卷题目时，常会加一句"这道题是某年高考题"。有好事者心存怀疑，专门查阅了当年高考卷，发现此题果真赫然其中，可见这沙皮狗用功之深。所以他上课时，同学们绝不敢马虎。虽然他语调一成不变，极富催眠效果，但同学们人人自危，睡意袭来时，常自掐，或互掐大腿以保持清醒。

话说这一天上午，沙老师正在解读一篇文章，沉醉在自认为标准优雅的英式英语中，偶尔目光一扫，发现杨略正低头刷刷地写字，显然在做笔记，心里一阵快慰，缓缓走到他身边，叫道："杨略！"

杨略猛然抬头，看到沙老师已矗立在身旁，不由手忙脚乱，用英语书盖住下面的稿纸，这才不知所措地站了起来。

沙老师的语气难得有些温柔："你说说看，explode和exploit各是什么意思？"

杨略正神游天外，完全没有听课，一时愣在那里。

"你在做什么？"沙老师掀开杨略的英语书，将稿纸抽出来，上面是一幅钢笔速写画，几棵杉树，一条小路，三个人，旁边有溪流。画得很粗糙，尤其是人物，根本就是比例失调，模糊不清。

沙老师的整张脸拉长了，却没有一句话，只是拿着速写，走回了讲台，继续上课，好像什么也不曾发生。

但杨略心里却知道，这一关绝不可能如此简单地过去。果然，下课铃声响起后，沙老师收拾好教具，走到他旁边，拿出了一张表格，说："你填一下，中午交给我。"

杨略接过来一看，竟是一张违纪说明书。他顿时像挨了一棒子，心里突突直跳。因为他知道，平常只有打架斗殴、偷窃作弊的学生，才会领到这张表格，填写后会被张贴在公告栏里，然后身败名裂，为人所不齿。

"我不就画了个画，有这样的罪过吗？"

杨略木木地站在那里，感觉怒气在胸中逐渐聚集，辐射到四肢。他把英语书砸在书桌上。这沙皮狗！小题大做！

葛怡听到响声，转过脸来问道："你怎么了？"

杨略不想让葛怡为他担心，就勉强地一笑："没什么。"

"沙皮狗给了你什么？"

"是，是复习材料。"

"哟，开小灶啊。给我看看。"

"看完了再给你。"

“切，小气劲儿！”

下课了，杨略填好表格，径直来到办公室。

“你知道为什么让你写吗？”沙老师用手指点点违纪说明书。

杨略看了看他耷拉的两腮，就把目光转到窗外，一声不吭。沙老师明显感觉到他的不合作，心知此人心高气傲，就要敲击敲击他了。他做了多年的教导主任，自认为做思想工作是最擅长不过的了。

“杨略，我正奇怪呢，你最近成绩怎么退步了。原来是在画这种东西！靠这个，你能考上好大学吗？”

“沙老师，我是在写作。”

“写什么？”

“小说。画画是设计场景。”

“学习这么紧张，你竟然还写小说！难怪有很多老师都向我反映，说你整天恍恍惚惚，魂不守舍的。你这样下去很危险！”

“有什么危险？”

“什么危险你都不知道？”

“不知道！”

沙老师被杨略生硬的态度给震惊了。不过他虽然表面严肃，其实内心很善良，更何况他喜欢杨略这个学生，于是开始了自认为语重心长的说教。

“杨略，你知道现在的形势吗？大学生越来越多，就业率却越来越低，年轻人压力越来越大，所以出现了蚁族、啃老族。你底子不错，但只有考上名牌大学，才能在未来有发展空间。可考名牌，得靠什么？别说什么综合素质，那都是虚的，说到底，就得靠分数！”

杨略心里却在冷笑。他们一中是名校，所谓名校，就是高考成绩出色，重点率高。为了成绩，学校不惜离开市区黄金地段，搬到郊外，师生处于一个封闭空间，全力以赴，研究高考，应对高考，紧密团结在高考能手沙元振的周围，以获得高考佳绩为唯一目标。

“沙老师，我觉得兴趣爱好也很重要吧？”

“人能靠兴趣活着？”

“为什么不能？”

沙老师的脸上露出饱经沧桑，洞明世理的神情。

“杨略，你要知道，我们的教育，不是快乐教育，而是生存教育。你要是不能进好的大学，连生存都成了问题，还谈什么兴趣爱好呢？理想很丰满，现实很骨感！”

杨略已无话可说，沙老师却以为他听进去了，语气缓和下来。

“我这都是为你好，以后你就知道了！”

事情并没有到此为止。杨略自事发之后，也收敛了些，上课时间不再写作，但自修课上总在奋笔疾书。沙老师越打击，他越写得欢。但课业是很紧张的，时间捉襟见肘。他花在写作上的时间多了，各科目的作业就堆积了不少，这令他颇为愤懑。有时写作不顺心，他也将怒气积存起来。

那份违纪说明书一直没有公示，看来沙老师不过是要警告一下而已。但杨略毕竟是少年，性子执拗，心里一股意气难以平息，非但不领情，反而想要找机会反击一下。

恰好之前他参加了新概念作文征稿，如今结果公布，他得了一等奖。学校上下颇感荣光，就请他作红旗下的讲话。杨略的心里有了一个计划，写了两份讲稿，一份中规中矩，交给学校审阅；另一份却惊世骇俗，他独自背诵了多遍，每次都有“引刀成一快，不负少年头”的激昂壮烈。

他曾想：“目前高考弊端极多，改革势在必行，但当政者前怕狼，后怕虎，考虑太多，束缚了手脚。那就让我这初生牛犊来捅一捅马蜂窝吧！”

晚自修结束，他一路想着计划，回到家，忽然发觉今天又是星期二了。打开邮箱，果然有一封爸爸的来信。

第二课　最强自控力源于内心的喜爱

亲爱的杨略：

见字如面。

从这封信开始，我们谈自控力的训练方法。根据课程设置，今天的主题是通过人生规划提升自控力。

我们先来看这样一位人物。

黄昏时分，结束了一天的辛劳，爱德华·威尔逊站在布伦河谷边，沐浴在凉爽的晚风之中。这次野外考察接近尾声，他已收集了不少蚂蚁新物种，再过几天，他就要回哈佛大学了。他心里既高兴，又有些留恋。

河谷上空云彩变幻着颜色，连绵不绝的森林向下延伸，直至河岸。河水缓缓流淌，不时有水鸟振翼飞起。一切都沐浴在宝蓝色的薄雾里，雾气又渗入了些阳光，使整个河谷更像一片海洋。树顶上，一群黄色羽冠的大鹦鹉懒洋洋地盘旋飞翔，好像随波逐流的亮白色鱼群。他不由得闭上了眼睛，细心聆听，耳中只有鹦鹉的叫声，还有河水的隆隆声。

他站在河边，由衷地感慨：自己找到了世间最好的职业——生物学研究。他是那么喜欢生物，那么喜欢在大自然中行走。虽然他的工作是要发现新物种，但此时此刻，他却觉得，就算没有新发现，他的热爱和乐趣，已经在大自然之中得到完美的回报。

他感到无比幸福。此刻，他达到了自控力的最高境界——乐在其中。于是他在不经意间，就沉醉于高效的学习和工作之中，自然避免了外界干扰和诱惑。有位外国学者将“学而时习之，不亦乐乎”翻译成“学习的时候，时间拍着翅膀飞走了，真是快乐啊”，歪打正着，说出乐在其中型的最

> **知识点链接：**
> 爱德华·威尔逊，美国生物学家、博物学家，1929 年生于美国亚拉巴马州伯明翰，1949 年毕业于亚拉巴马大学，1955 年获哈佛大学生物学博士学位，同年开始在哈佛大学执教，为昆虫学研究员。他还是“社会生物学”奠基人，是最早宣传“生物多样性”概念的人之一。

大优势。那么，威尔逊是如何达到这种境界的呢？

对于生物学家而言，威尔逊有一个幸运的童年。七岁时就住在海边，每天在蓝天碧海中观察着大水母乳白色的伞面，等着海豚或是鲨鱼的出现，一切都在他脑海中烙下深刻的印象，产生了深厚的情感。

他父亲的工作地点经常调动，因此平均一年搬一次家。1939 年，他们搬到了一个好地方，附近有一个世界级的动物园、一个世界级的博物馆。威尔逊乐坏了，一有空闲，就在动物园的小径里徜徉，凝视那些迷人的庞然大物，西伯利亚虎、犀牛、眼镜蛇、大鳄鱼，还有蜥蜴、鹦鹉、树鼠，流连忘返。

而博物馆则让他确定了志向。他在回忆录中写道："我经常在自然史博物馆回廊里一逛就是好几个钟头，吸收那儿展出的动植物身上无穷无尽的变化，拉开一盘又一盘的蝴蝶以及其他昆虫的标本盒，迷失在远方丛林或是非洲大草原的梦境里。"

16 岁以后，威尔逊上大学，选择了昆虫学。从此，他走上了与蚂蚁打交道的人生之路。他是如此投入，在世界各地的无人区经历各种艰险，发现了许多新物种，成为业内权威。他撰写的《蚂蚁》一书获得了普利策奖。此后，又研究生物多样性对于人类的意义，成为影响世界进程的重要科学家。

生命中的三种强劲动力

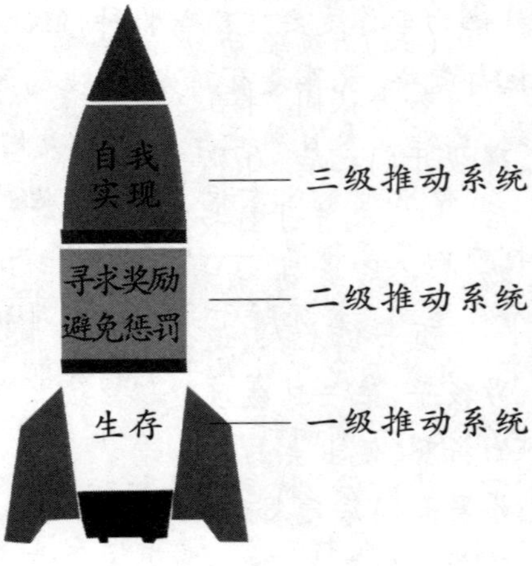

火箭有三级推动系统，第一级决定火箭能否飞起来，第二级决定火箭能否到达顺行轨道，第三级决定火箭最终飞得有多高，我们的心理驱动力系统亦然。我们从威尔逊的经历中，也可以看到三种驱动力。

（一）一级驱动力：生存本能。

人类和所有动物一样，饮水止渴，进食止饿，追求异性，以解决生理、繁殖之需求。对于威尔逊而言，读书谋生，安身立命，也是一种动力。

（二）二级驱动力：寻求奖励，避免惩罚。

这种驱动力源于外界，又可分为两类。

一是正面强化。对于学生而言，如果考出好成绩就有奖励，那他就学习更长时间。对于员工而言，如果老板承诺加薪，那他工作更努力。我读书时，父辈的励志语简洁有力："穿皮鞋还是穿草鞋，就看你小子肯不肯读书了。"在那个时候，读书，上大学，做城里人，坐办公室，都是实实在在的利益，对我而言极具诱惑力，也的确促进我发奋读书。

二是负面刺激。作为员工，如果老板威胁说迟到扣工资，那他每天准时到达。作为学生，如果知道考不上大学就会前途黯淡，那他就好好读书。一位女士减肥的动力，就源于一个小孩的童言无忌："这个阿姨进来，电梯就超重了。"她觉得伤了自尊，于是决心减肥，每次想要松懈，脑海中就想起小孩的话，让她不敢停歇，终于减肥成功。

但这种奖励或回避，并不能带来持久的动力，甚至促使人走捷径，比如学生为求成绩不惜考试作弊，员工为求业绩不择手段。而且，一旦奖惩结束，他们的动力将不复存在，所以有许多人在艰难之中奋斗，却在安乐时虚掷光阴，浪费才华。而威尔逊却不是如此，他在无人区探索，冒着生命危险，只为寻觅新的蚂蚁物种，这很难用简单的趋利避害来解释。毕竟这并非获得名利的捷径。这说明他还有另一种驱动力，那就是他的热爱。

（三）三级驱动力：自我实现，追求卓越。

如果认同"书山有路勤为径，学海无涯苦作舟"，把读书视为敲门砖，那敲开门之后，自然会丢在一旁。所以许多人高中时奋发图强，考上大学后，却从未进过图书馆，也没买过一册书。上课之余，不过上网，游戏，购物。"给我奖励，我就更努力。"这句话貌似有理，但其实漏洞甚多。

有一位老人，退休后在学校附近的一间房子里居住。一天，走来三个男孩子，把一只破垃圾桶踢来踢去，玩得不亦乐乎。老人受不了这种噪音的折磨，便出去与这些小学生谈判。他说："看到你们踢桶玩，我很高兴。如果你们每天来踢，我给你们每人每天一元钱。"三个男孩子很高兴，接受了老人的要求，更加起劲地表演他们的足下功夫。过了三天，老人忧愁地对他们说："物价上涨了，我的收入减了一半，所以从明天起，我只能给你们五角钱。"孩子们很不开心，但放学后，仍坚持来表演。一个星期后，老人又愁眉苦脸地说："最近我没有收到养老金汇款，从明天起，我每天只能给你们两角钱了。"三个小男孩立刻脸色铁青，连连说："不干了！不干了！谁会为了区区两角钱，在这儿浪费宝贵的时间？"从此老人的房前又恢复了以往的宁静。

老人多有智慧，他通过奖励，将男孩的好游戏变成苦差事，于是随着奖励减少，男孩越来越没有积极性。这个故事是假的，但其原理却得到心理学家的反复验证。心理学家爱德华·德利发现，受到奖励的人，起初有动力，但取消奖励后，他们就停止了。

他得出结论："把利益当做某种行为的外部奖励时，行为主体就失去了对这项活动的内在兴趣。"奖励只能带来短期的爆发，就像是少量咖啡因只能帮你多撑几个小时，但其效果会逐渐消失。

幸好，我们从爱德华·威尔逊的案例中发现，人类内心深处除了寻求奖励，回避惩罚之外，还具有发现新奇事物、进行挑战、拓展并施展才能，从而让世界更加美好的内在动力，这是最强大，最具创造力的动机。

进入21世纪以后，中国将从制造大国走向创意大国。而凡是创造性工作，和机械性工作具有很大的不同，更需要这种内在的动力。所以，当人们所追求的目标能体现其内在热爱的时候，他们才能体验到价值感，感到纯粹的幸福，从而更希望达到自我实现，也呈现出更强大的主观能动性。

而金赛的成长史就是经典的案例。

我要走适合自己的路，怎能听凭别人安排？

月光下的南橘村很安静，点缀着偶尔的蛙鸣，空气中浮动着初生树叶的清新气味。但在金赛的家里，正爆发着一场战争。

"我不同意！"随着一声怒吼，金赛的父亲猛地拍了下餐桌，杯盘跳了起来，汤水流了一桌。他眉毛倒竖，眼光喷出怒火，须发也似乎要张开来，像一头狮子。他确实自认为是无可争议的家中之王。虽然当了多年的史蒂文斯技术学院教师，但身上还磨灭不了技术工人的气味。

母亲是个温顺的女人，看父亲生气，儿子也犟在一边，她两边都不敢劝，只是装聋作哑。

日后名扬天下的金赛此刻才20岁，他放下刀叉，看着愤怒的父亲，心里也有些忐忑，但他今天是有备而来，知道父亲会有此反应，而且他也长期积蓄着怒火，所以他丝毫不退让。

“现在说什么都晚了，我已经向史蒂文斯学院申请了退学，并且就在昨天，我到堡度因学院注册了。过几天我就去报到！”

父亲明显有些震惊了：一直乖顺的儿子，居然这样胆大妄为！

“混账！你去那儿能学什么？”

“我要去学生物！我了解过了，那里的生物系非常著名……”

“生物？整天就研究蚂蚁怎么放屁，小狗怎么撒尿？搞这些玩意儿的人，全都是些精神病！就不能做点正经事吗？当初我怎么跟你说的？人就得干点像模像样的活儿，学机械工程，以后做个机械师，体体面面，有什么不好？”

“父亲，我尊重您，也希望您尊重我。做机械师确实不错，可是我不喜欢，也学不会。您看到我的成绩单了吗？有一半需要补考！什么机械、物理，我根本就学不懂。”

“学不懂？哼哼，那是你没认真学！现在的年轻人，就是没责任心。自己学不好，居然还有脸怪专业不好，真是可笑之极！”

父亲劈头盖脸的指责，让金赛几乎要垂下泪来。

在高中时，金赛最喜欢户外活动，经常背起野营的行囊，步行一二十里，到林间山头去考察各种植物、各类昆虫。他搜集了大堆的昆虫标本，然后在图书馆翻开昆虫志一一对照，识别昆虫的名称，每次有所收获，他便雀跃不已。

当时他还有个很好的生物学老师，名

知识点链接：

金赛，性学领域的巨人。哈佛大学博士，他的《人类男性性行为》和《人类女性性行为》是性学中的两块基石，不仅奠定了性学的方向，也影响了人的观念和社会的价值，被称为另一个达尔文。金赛是一位性学家，也是一位音乐家和园艺大师。

叫南特勒·柔丝，她年轻而有热情，学识丰富，对生物学很有热情，讲课趣味横生，并成立了一个生物学兴趣俱乐部，经常去户外考察。金赛就是其中成员，跟随柔丝老师在野外考察，是他最快乐的时光。

如此过了几年，高中就毕业了。若是按照他的兴趣，理应继续生物学研究的道路，但他遭遇了阻挠。

那也是一个春天的夜晚，父亲严肃地对金赛说："孩子，你马上要上大学了。我已帮你在史蒂文斯学院报了名，以后读机械工程，做个机械工程师，这是个收入很高，同时很受社会尊重的职业。你知道，我是这个学院的老师，所以你可以免交学费，而且离家也近。就这么决定了吧。"

父亲文化不高，念到初二就辍学了，来到史蒂文斯技术学院的一个工作车间，当了初级技工。经过了长期的自修与考试，他终于脱下了工装，晋升为教师，过上了自认为体面的日子，同时决定让儿子走自己的路。

"可是……"金赛想把自己对生物学的热爱说出来。

"没什么好'可是'的，"父亲一扬手，"去准备考试吧！"

金赛不敢再辩解，满腹委屈地回到自己的房间。但他毕竟年纪还小，对以后的职业还没有深入的思考，所以只惆怅了一阵，也就睡着了。

但对于准备考试，他一想到满是机油味的车间，就怎么也提不起兴致来。虽然最终通过了入学考试，但数学、化学、物理、拉丁文等，都以低分通过，几何、代数、三角等课程，居然经过补考才通过。这对于高中时的全优生而言，真是匪夷所思。

而更大的磨难还在后面。金赛走进史蒂文斯学院以后，就像陷入泥沼一样，完全丧失了以前的学习动力。第一学期结束的时候，他所修的功课都只是在及格线。到了二年级，他的成绩单上，更是挂了许多红灯。

他内心非常焦灼，感到深深的屈辱。他时常一个人在树林里走路，四处绽放着鲜花，蜜蜂嘤嘤嗡嗡地陶醉其中。眼前的动植物都是那么生机勃勃，唯独自己，离开了它们，过着痛苦不堪的日子。

他心里逐渐明白了。

"为什么我要这样痛苦？我将来肯定成不了机械工程师！那为什么要在错误的路上继续走下去？我的优势是对生物的观察能力，还有在高中时的积累，此外我只要到野外去，浑身就充满力量。我要走适合自己的路，怎么能听凭别人安排？父亲只是将自己的意志强加到我身上罢了。从小到大，他一直这样。蛮横！无理！霸道！再这么下去，我的一生就毁掉了！”

他做出了决定日后人生的选择：放弃史蒂文斯学院的学业，转学到缅因州的堡度因学院学习生物。因为他早就听说，那里有一个久负盛名的生物系，还有两位世界级的生物学家。为了让自己不再犹豫，他首先断绝了退路，提出了退学，并向堡度因学院发出了申请。幸运的是，因为他在高中时的出色表现，他被顺利录取了。

一切都准备停当，他鼓起勇气，回到位于南橘村的家，向父亲摊牌，一字一顿地说：“父亲，我的人生道路，要自己做主。”

父亲看着他的表情，心里知道，他是吃了秤砣铁了心了，一股怒气直冲脑门，反倒笑了起来：“好，好，你自己做主。不过你要记住，以后别指望从我这儿拿一分钱！”

他是贫苦出身，对于金钱看得过重。他认为，既然儿子这样叛逆，放着阳关道不走，偏要去走独木桥，那他自己去好了，但已不值得再为他投资。

金赛说：“好，我只要自由。”

晚餐不欢而散。他父亲真是铁石心肠，第二天金赛离开家的时候，只从家里得到了一套西装，而学费是半点都没有的。母亲过于畏惧父亲，竟然也不敢多说一句话，也没有给金赛一点生活费。

金赛得到了自由，这是最重要的。为了解决学费问题，他整个暑假都在勤工助学，好不容易挣了一笔钱，但显然还不够。幸好乡里一个有钱的老太太同情他，给了他有力的资助，使他得以继续学业。

在新的学校里，他的好日子开始了。他又变得勤奋、热情，眼中又闪烁出明亮的光彩，整日出没于教室、实验室。他用了一年时间，学完三年的课程，而且所有的成绩都是A，拿到了奖学金。毕业时，他被推荐去哈佛大学读研究生，开始研究黄蜂。

于是，他的野外考察生活又开始了，一个人行走在美国广袤的土地上，跋山涉水，到处寻找黄蜂，经常是走了若干天，都看不到一个人影。但是他一到大自然，就感觉如鱼得水。有时，他坐在山冈上，看云雾蒸腾，昆虫飞舞，心里无比陶醉。他偶尔也会想到那两年在史蒂文斯学院的时光，真有一种恍如隔世的感觉。父亲依然不能理解他，但又有什么关系呢？

几年下来，他的足迹遍及北美大地，搜集不同种类的黄蜂。随着几部关于黄蜂的巨著陆续出版，他成为黄蜂研究的权威，走到了人生的第一个高峰。此后，他又用研究黄蜂的方式，研究人类性行为的奥秘，写成了《人类男性性行为》《人类女性性行为》两部巨著，俗称"金赛报告"，引起了全世界的轰动。金赛本人被誉为"美国的弗洛伊德"，甚至一度与伽利略、达尔文等科学先驱齐名。

我们如果梳理金赛的成长轨迹，就可以发现，他之所以能够卓有成就，其人生的关键一步，就是主动规划人生，将自己的强项和兴趣视若珍宝，并排除万难，尽情发挥。反过来说，强项就像地底之火山，熔岩翻滚，总不甘心被湮没，一有机会就要喷发，推动自己执行到底。

略略，我以前和你说过，多元智能人人都有，但都有某些智能优于其他。其外在表现，就是某科目成绩突出，拥有某项才艺，或是长于交友沟通。所以，我们要积极发掘自我优势，并且悉心培养，让它成为我们前进的动力。

须知，优秀是从每个人的强项开始的。美国著名行为学家杰克·豪尔说："成功者大都是从自己的专长开始的。"王金战也说："人与人之间的竞争，不是聪明不聪明的比赛，而是不同专长的比较，或者说各自在专长方面的能力如何。"

可以这样说，凡成大事者，都是在专长上充分施展了自己的智能优势，而不成大事者没有发掘专长，只顾盲目跟风。如果一个人能在自己的专长上发挥80%的能力指数，那么就可以成大事了。

从金赛身上，我们可以看到，兴趣是自控力的助推器。想象一下，如果能醉心于自己喜欢的事情，尽管当中也有无聊的成分，而且追求之路"溯洄从之，道阻且长"，但因为热爱，一切都能甘之如饴。对于这种人来说，生命就是一场华丽的盛宴。

趣味测试&魔鬼训练之学习动力篇

【检测题】请仔细阅读问卷中的每一个题目，觉得与自己的实际情况相符，就在题目后的括号里打“√”，否则打“×”。

1.如果别人不督促你，你很少主动地学习。(　　)

2.当你读书时，需要很长的时间才能提起精神。(　　)

3.你一读书，就觉得疲劳与厌烦，直想睡觉。(　　)

4.除了老师指定的作业外，你不想再多看书。(　　)

5.如有不懂的，你根本不想设法弄懂它。(　　)

6.你常想自己不用花太多的时间，成绩也会超过别人。(　　)

7.你迫切希望自己在短时间内就大幅度提高自己的学习成绩。(　　)

8.你常为短时间内成绩没能提高而烦恼。(　　)

9.为了及时完成某项作业，你宁愿废寝忘食、通宵达旦。(　　)

10.为了把功课学好，你放弃了许多你感兴趣的活动，如体育锻炼、郊游等。(　　)

11.你觉得读书没意思，想去找个工作做。(　　)

12.你常认为课本上的基础知识没啥好学的，只有看高深的理论，读大部头作品才带劲。(　　)

13.只在你喜欢的科目上狠下功夫，而对不喜欢的科目放任自由。(　　)

14.你花在课外读物上的时间比花在教科书上的时间多得多。(　　)

15.你把自己的时间平均分配在各科上。(　　)

16.你给自己定下的学习目标，多数因做不到而不得不放弃。(　　)

17.你几乎毫不费力就实现你的学习目标。(　　)

18.你总是同时为实现几个学习目标忙得焦头烂额。(　　)

19.为了对付每天的学习任务，你已经感到力不从心。(　　)

20.为了实现一个大目标，你不再给自己制定循序渐进的小目标。(　　)

A.答案：每个题目若打“√”记1分，若打“×”记0分。

B.分析：

1. 1～5题，检测学习动机是否太弱，如果得分在3分以上，则说明你的学习动机不强，存在不正确的认识或困扰，需要进行调节，增加学习动机。

2. 6～10题，检测学习动机是否太强，如果得分在3分以上，则说明学习动机太强，需要适当放松。动机太强，会使自己过度追求成就感，不利于心态的平衡。

3. 11～15题，检测学习兴趣是否存在困惑，如果得分在3分以上，则说明兴趣较广，有利于增加自己的知识，但同时，应该把握住自己的主要学习任务。

4. 16～20题，测查学习目标是否存在困扰，如果得分为3分以上，则可见，已存在学习目标的困惑，需要好好地制定自己的目标，并增强意志力，以逐步为实现目标而努力。

【训练题】

设想一下你目前的处境，然后填满下面的空格。

1.正向强化。

如果每天锻炼身体（具体项目________________），我将会__________________。

如果提高成绩________分，我的心情就会________________，别人将会________________________________。

如果我能考上向往的________________大学（中学），那我的生活将会________________________________。

2.负面刺激。

写出你人生中被别人深深伤害过自尊、形象的事情，并不时提醒自己。

我曾经被________________深深地刺痛过，我永远不会忘记。

我曾经看到________________________________，我会经常用那次经历来提醒自己。

我曾经遭遇______________________________，我希望一辈子都不再遇到同样的事。

3.优势盘点。

写下你的学科、人际关系、才艺方面的优势：

我的学科优势______________________________

我的人际优势______________________________

我的才艺优势______________________________

我的光辉梦想______________________________

【大声朗读】

我不能辜负上天的赐予！

我不能辜负长久的努力！

我是执著于梦想的骑士！

我要成为最好的自己！

富有远见，并坚持做自己

有个人想学门手艺。学什么呢？他拿不定主意，后来想到雨伞人人都要用，于是拜师学艺，开始自谋生计。但很不巧，接连两年干旱，他的雨伞卖不出去。一气之下，把铺子关了。他来到街上，看到很多人在询问水车到哪儿买。他开始学做水车。没想到学成之后，老天不停下雨，没人需要水车了。他只好重新做伞，但天气又放晴了。如此摇摆不定，他终于一事无成。

这个人的命运如此悲催，当然有外在因素，但其本源是他被外部利益驱使，而非发自内心的想法。金赛和威尔逊恰好响应了心灵的要求，利用了自己的强项，从事着生物学研究，不仅取得了举世认可的成就，也获得了快乐充实的人生。

有一位传教士到非洲的偏远地区去传教。每天，当地的土著要做的第一件事就是天不亮就出发，到很远很远的地方去取水，然后一路跋涉，把水运回家。传教士觉得这样太辛苦了，就认真勘察了部落附近的土地，希望找到一处地下水源。功夫不负有心人，有一天，传教士欣喜若狂地找到部落首领，说："太好了！我终于找到了一处地下水源。我们可以在那里挖一口井！"部落首领答应说，第二天会召集部落会议，商讨这件事。传教士胸有成竹，觉得自己做了件大好事，族人肯定会赞成挖井的。可是，第二天的会议决定却让他大失所望。你能猜到部落首领怎么说的吗？

他说："每天运水回家就已经把我们累得不行了，哪还有时间去挖井呢？"

很可笑，是吗？但我们的同学也会说类似的话："每天看书做题已经把我们累坏了，哪有时间想人生规划的事情呢？"

不得不说，人类的天性就是关注眼前利益。对我们来说，要有远虑，其实是个挺高的要求。可是，埋头赶路，没有方向，你将赶往何处呢？会不会南辕北辙？其实，越是在紧张时刻，越要明确方向，让自己的每一步都踩得踏实，为理想添砖加瓦。而且，越是目标明确，我们的自控力越是充沛。要想改变未来，不能只着眼于当下最紧急的事，而是要把长远的目标放在首位，让此刻为长远服务。

所以，任何时候都不要失去目标，坚持做最好的自己，才能激发强大的自控力。

祝福你。

你的大朋友
倪甫清
9月15日

读完了信，联想到学校里遭遇的各种事情，杨略已下定决心，要做一件惊世骇俗的事情。

经过几天筹备，又是周一了。

9月的阳光在校园四处反射，织成一张光网。杨略有些晕眩，眼前的事物不真切起来，像是水中倒影，高远的天、云，绿色的山峰，被水波所扭曲，一切都迷离，升腾如烟。

他听到心脏怦怦地跳，时间差不多了，他努力集中心神去听，国歌已奏完，红旗已临风，喇叭里响起教导主任沙元振的声音："……下面有请高三(六)班杨略同学作红旗下讲话……"

照例是稀稀拉拉的掌声，让杨略知道，这是在操场，他获得了红旗下讲话的殊荣。在这样庄重的时刻，他理应兴奋，荣耀，就算紧张，也应是红光满面的。但实际上，他的紧张却是冷峻的，有种奔赴战场的慷慨与忐忑。

"我真要那么做吗？"

他的鼻子和手心都沁出汗来，直到身旁的曾泉推了他一把："快去啊！愣着干吗？"

杨略清醒过来，拿着经过学校审核的讲稿，迈开了步子，穿过人群中盛开的目光。经过葛怡身边时，葛怡捏紧拳头，轻轻地说："加油！"

杨略面部紧绷地点点头，走上操场正前方的主席台，耳鼓中都是砰砰的巨响。就像飞行员的一个小伤疤会在高空中变成致命威胁一样，他面对三千多名同学明锐的眼睛，每一点毛病，就扩大了三千倍。他顿时不自信起来。头发整齐吗？脸上新冒出的痘痘明显吗？

但他随即想到，除了几个死党，其他同学可没有那么关注他。以往每次红旗下讲话，不过是大话套话，粉饰太平，让大家左耳朵进右耳朵出。

但今天，他们会听到另类的声音。

杨略深深地吸了口气，避开话筒，轻轻说了一声："干吧！"

头脑里一片明澈。他看到瓦蓝的天，白色的云块像高冈一样矗立在天边。他把讲稿举过头顶，双臂左右一分，缓缓地撕成两半。撕裂声经过扩音机的放大，变得毛糙而尖锐。

同学们看到这一幕，纷纷交头接耳，眼里闪烁着奇异的光芒。教导主任沙元振的脸色有些变化，沟壑纵横的脸上，两边腮帮子往下耷拉，平时已不苟言笑，此刻更是阴沉着脸。

杨略眼睛的余光扫到了他，脑海里想到了陈子轩的漫画，一匹滑稽的沙皮狗。他的嘴角浮现出一丝笑意，紧张之情消退了，一股激烈长风荡涤着四体百骸。他情不自禁打了个寒战。

“老师们，同学们，大家上午好，今天我讲话的题目是：我们的理想！”

此语一出，同学们安静了，眼里的光芒消失了，嘀咕了几声，又陷入神游之中。教导主任也安心了，一切都在轨道上。

这都在杨略的意料之中，他停了一会儿，像是把拳头缩回，再猛然击打出去，每个字都吐得清晰。

“这个话题像是很陈旧，可是，我想请问各位同学，除了父母的希望，我们是否有自己的理想？我们每天坐在教室里，承受着应试教育带给我们的高压，为的又是什么？仅仅为了考个好大学？再然后呢？为了一个好工作？为了挣好多钱？这不是生活，这仅仅只是生存！

“看看我们过的是什么日子。每天机械式劳作，朝五晚九，三点一线，三天一小考，五日一大考，试卷塞满了抽屉，又溢上桌面，与课本教辅争抢地盘。为了成绩，一群朝气蓬勃的少年，埋头于枯燥的试题之中，被面前的胡萝卜吸引着，被身后的皮鞭抽打着，时而心沸如海，时而冻结如石，而又只能默默忍受。都说，人生能有几回搏，但是，我们到底在为什么而拼搏？”

杨略起初声音还有点颤抖，但越说越流利，越说越激动。

同学们像夏夜的群蛙，被惊醒过来，顿时呱声一片。教导主任听到这里，腮帮子更加低垂，眉头紧锁，嘴角往下，像极了一条被激怒的沙皮狗，看样子很想扑到主席台上，把杨略一把揪下来。

可旁边的宋校长却没有怒色，只是目光凝重，像是陷入了沉思。教导主任把嘴凑过去。

“校长，要不要关掉麦克风？”

宋校长五十多岁，是个留英的博士，行为做派颇具绅士风度。此时他只是淡淡一笑，摇了摇头。

“就让这孩子讲吧。”

一束阳光从云层中漏下来，台上的杨略沐浴在圣洁的光芒里。他欣悦了，超脱了，成了一个布道者。

“这就是我们的悲哀，因为没有理想，我们随波逐流；因为没有理想，我们麻木屈服。正如一位诗人所写的：‘中学时，我是个过于听话的孩子，听父母的话，听老师的话，一天到晚愚蠢地一遍又一遍地翻看无用的教科书。’这样的苦学，有什么后果？我们将会变成两种人。

“第一种人终生奔波忙碌。他们被人驱赶，只顾埋头拉车，但从来没有认真想过，自己想走什么路，一辈子忙忙碌碌，却从来没为自己活过。第二种人选择解脱，都说学海无涯苦作舟，那谁愿意一辈子受苦呢？所以考上大学，立刻变得懒散，得过且过，后继乏力。而现代社会，知识日新月异，要想持续进步，就必须不断学习。这种乐学精神，源于对学习的真正喜爱，是为了理想努力前进。

“什么是理想？理想就是我们内心的使命。同学们，我们应该醒来了，问问你自己，你喜欢什么，你想从事什么，而不是父母让我们喜欢什么，父母让我们从事什么！”

底下的同学已是群情涌动，连平常最安静的学生也在鼓掌。陶坷坷是篮球队员，高挑的个子，留着韩寒式的长发，站在队伍前列。他平常都是无精打采的懒散样儿，今天却来了精神，双手卷成话筒，纵声高喊：“说得好！”

他身后是曾泉，也是个唯恐世界不乱的主儿，叫道：“杨驴万岁！”

这杨驴自然是杨略的外号，从初中流传至今。曾泉平常叫他一个字，“驴”，或者更含蓄一点，叫“吁”，拖个长音，唤牲口一样。

其余同学也纷纷起哄。

“我们不要高考！”

“我们要自由！”

“……”

有些学生不认识杨略，都交头接耳，互相打听。杨略算是个名人，带领校篮球队拿过冠军，又和父亲出过畅销书，文武全才，许多人认识。这些人看杨略如此神勇，单枪匹马向应试教育开战，更是佩服得不行，在向同学介绍他时，难免添油加醋，将他吹得神乎其神。

操场里十分热闹,大家都过节一样开心。有学生掏出手机拍照,甚至录像,发在各自的微博上。

只有葛怡的脸上满是焦急,知道杨略这样做过于鲁莽,没有什么实际效果,只能惹一身麻烦。可是,她又觉得,也只有杨略敢说出这样的话,或者说,只有说出这样话的人,才是她心目中的杨略,有担当,有魄力,所以又颇感欣慰。内心一时百感交集,只顾注视着主席台,小手攥出了汗,贝齿咬着下唇,竟有些痴了。

场面似乎要失控了,连校长脸上也有些紧张。杨略高声说:"不,同学们,我并非简单地排斥读书,而是希望我们大家可以为了自己的理想而读书,学习自己想学的知识。我们是人,不是机器,更不是为学校提高升学率的机器!这是一个多么简单的道理,然而有多少人不明白这个。"

说到这里,杨略的目光盯牢了教导主任。两个人的目光撞在一起,顿时杀气腾腾。如果眼睛真有能量光线的话,此时肯定炸开一个球形闪电,火光四溅,掀起巨大的能量波。

杨略一脸的大义凛然,说话掷地有声,气场上明显占了上风。教导主任感受到挑衅,虽不动声色,但每一条皱纹里都藏着翻涌的暗火。

杨略知道,这次结下的梁子,短时间内可解不开了。不过他说出了肺腑之言,心里一阵畅快,就像一朵白云,被阳光晒得通透洁白。对于后果,他完全不在意了。

第三章

对自己的人生有使命感，就会积极上进不虚度。对家庭有使命感，就会用感恩之心，自觉进取回报家庭。尤其是一些寒门子弟，一想到父母谋生之艰难，期望之殷切，就万不敢松懈。除此之外，对社会、世界的使命感更会带来源源不竭的自控力。总之，使命感决定了一个人的视野与格局。

由于微博的迅速蔓延，杨略的事迹在网上疯传。才过了几个小时，一些报纸电视台的记者已得到消息，纷纷涌向学校，要采访杨略以及校领导。幸亏校长是见过大世面的，学校又是封闭式教学，所以学校大门紧锁，几个保安就将记者挡在了外面。

但也有几个记者锲而不舍，在校园外采访了几个学生，旁敲侧击，加上微博上的视频和照片，中午刚过，就杜撰出几篇报道来，发布在各大网站上，其文章标题不外乎“少年作家红旗下讲话炮轰应试教育”之类，触动社会的敏感神经，成为备受关注的热门新闻，掀动网友们对教育的批判。

杨略一时成了英雄，下课走在校园里，常有陌生的同学走上前来，拍拍他的肩膀。

“兄弟，我很赞同你的观点！”

羞涩点的女生，就微笑着看他，目光里全是赞美。高中生活紧张单调，一有出格的事情，定然是大受欢迎的。

而杨略却有些忐忑，等待着不可避免的惩处。上课画画就算违纪，在主席台上谴责教育，又在报纸上闹出那么大的动静，该是怎样的罪名呢？葛怡虽也紧张，此刻倒在为他鼓劲：“怕什么？你说的是真话。学校不是要培养真善美吗？你说了大实话，就是真；替同学们仗义执言，就是善；还有……”她还想说的是，杨略在慷慨陈词的时候，简直帅呆了，这自然是“美”。不过毕竟少女羞涩，她没敢说出来。

曾泉也说：“就是，现在舆论一边倒，都声援你。学校绝对不敢把你怎么样！”

陶坷坷的一只脚踩在椅子上，做出一副大义凛然的样子。

“没错，他们要是敢动你一根寒毛，我去找我爸，让电视台、网站、报纸，海陆空全军出击，揭露他们的丑恶嘴脸。”他爸爸是传媒集团的老总，的确有此实力。

“嗯。”杨略还是有些忧虑，但不想在葛怡面前露怯，就做出一脸轻松的样子。

但看书是看不进去了，他满脑子都想着一件事情，那就是过会儿被审判的时候，他该如何舌战群儒，不卑不亢，据理力争，用少年人新锐的思想，摧枯拉朽，让古板老旧的思想溃不成军，土崩瓦解。他的脑海里闪出一大串精彩的措辞，让他心潮澎湃。

但一切都风平浪静，上课，下课，午餐，作业，一如往常。但杨略知道，这是决战前的寂静，他闻到了四处弥漫着的硝烟味。他脑海里的那些措辞翻来覆去，时间一久，就让他头晕脑涨。一直到下午第四节课后，欧阳老师走进教室，告诉杨略，宋校长要见他。

一听这话，杨略心里慌慌地跳了一阵，但忐忑不安中，又有一种解脱之感。是的，最后宣判到了。他深深地吸了口气，在众人的目送之中，随着欧阳老师来到校长办公室。

开门的是宋校长，一见杨略，脸上顿时满是笑意：“哈，英雄来了！”

校长很少用这种戏谑的语气说话。杨略一时有些尴尬，僵在那里，有些手足无措。他暗暗佩服起好友余振来，那厮初中时调皮捣蛋，时常被揪到办公室，他也不慌，大模大样，见了老师还打招呼，就像到自己家里一样。

校长看出了他的窘态，就让他在沙发上坐了，还倒了一杯开水，放在杨略面前的茶几上，自己则坐在一侧。欧阳老师掩门出去，偌大的校长室，就剩下两个人。杨略愈发拘束了。

还是校长开启了话端。

“杨略，今天让你来，不是批评你，而是想谈谈心，听听你的建议。”

杨略不为所动。校长扬言要谈心，那就是要做思想工作，简称“洗脑”。可他在红旗下批判教育，只是实话实说。校长能颠倒黑白，让他歌颂现在的教育吗？哼哼，真是把我杨略给看扁了。他的嘴角不由露出一丝冷笑。

校长看出了他的心思，就微微一笑，指了指办公桌上的电脑。

"杨略,看到网上的报道了吗?"

杨略点点头,脸上不由浮现出一点得意之色。

"都说你在大庭广众之下炮轰高考啊。"校长似笑非笑地看着他,让杨略感觉到,这种神情就像欣赏着困境中的猎物一样。这样一想,就激发了他的斗志。酝酿许久的措辞早已锋芒毕露,此刻就要脱鞘而出。

"炮轰?我可没有!那纯粹是记者们语不惊人死不休,断章取义而已,典型的标题党。我所说的,不过是大家的心里话!"

校长哈哈一笑。

"杨略,我看你才是语不惊人死不休呢。"

杨略脸上一红,他选择在红旗下讲话时谴责高考,虽说是出自胸中一腔正义,但的确是想一鸣惊人,有沽名钓誉之嫌。但在争辩的时候,扪心自省,显然有挫士气,于是他选择继续出击。

"校长,可我说得也没错,高考的确是问题多多,甚至是中国教育的罪魁祸首啊。"

听到这句话,校长脸上戏谑的表情消失了,换上的是庄重肃穆,嘴里念叨着:"罪魁祸首?罪?……杨略,你真的这么看?"

杨略看到校长表情骤变,不由得有些紧张。

"难……难道不是吗?"

校长摇了摇头。

"杨略,自从我听了你的发言,脑子里回荡着两个字,'高考',不禁感慨万千。对于每年一次的高考,你或许已习以为常,还经常抨击其不足。但你知道吗,它作为人才选拔机制,却是来之不易,而且功在千秋。"

杨略不由得正襟危坐。他知道,校长这种神态,这种语气,必然是要长篇大论了。

此刻已是黄昏,窗外夕阳西下,浮云被余晖一照,呈现出淡灰、浅棕,还有明亮的柠檬黄,层层叠叠。远处有车声,近处有清脆的鸟鸣。校长放缓了语速,将每个字都吐得清晰。

"杨略,你读过东晋左思写的《咏史》吗?其中名句有'郁郁涧底松,离离山上苗。以彼径寸茎，荫此百尺条。世胄蹑高位，英俊沉下僚'。说的是一棵苍松，高达百尺，枝叶繁茂，只因身处山谷，所以被山上的树苗所遮盖，无可奈何。这是一个精确的比喻。在东晋讲究门第的时代，世家子弟虽胸无点墨，却可官居高位；而贫家小户的俊才，只能沦为小官小吏，才华无法施展。那才是一个真正的'拼爹时代'啊。幸好到了隋唐，科举制度创立，情况有所改观。贫家子弟只要苦读经书，或是苦练武艺，也有希望考取功名，封官拜爵，成为人上之人。于是科举成为中国的第五大发明，也算是高考的前身。"

杨略点点头："这些历史课上我们学到过。"

"但有些东西，历史课上未必会明确说。你知道，我们的历史发生过倒退。在红色年代里，血统论盛行一时，其口号便是'老子英雄儿好汉，老子反动儿混蛋'，最讲究阶级出身。人被活生生地分为三六九等的，其中最吃香的人是'红五类'，包括了工人、革命军人、革命干部、贫农、下中农。这些人算是根正苗红，可以享受各种最好的福利和待遇，包括当官、参军、上大学等等。而最倒霉的是叫做'黑五类'，包括地主、富农、反动派、坏分子、右派。"

说到这里，校长停了一会儿，眼睛看着窗外，像是在平息胸中的波澜起伏。霞光映在他眼中，把眼睛都染红了。

"对于血统论，我深受其害。因为我父母曾是共和国的功臣，却被安了个罪名，成了右派。我就成了黑五类子女，备受歧视，与上大学、参军无缘。随着年龄渐长，我对前途的忧虑像游蛇一样盘踞在我心里，偶尔想起，就像被蛇咬了一口，冷冰冰地疼。我父母看我喜欢读书，也暗暗叹息，觉得耽误了我的前程。高中毕业了，我 18 岁，和你现在一样的年纪，却发现自己无路可走。不能去上大学，不能去参军，连工厂也进不去。我只能下放到农村，习惯于钢笔的双手，操起了沉重的锄头。所有的青春梦想，都伴随着一记记锄地的干涩声响，埋进了黄土。

"'这是命啊。'我曾听到母亲这样叹息，心像落进了冰窖，开始还挣扎，很快就冻僵了，麻木了。是啊，都是命。我认命了。

“1977年，一个惊人的消息传遍大江南北。高考恢复了，以后读大学可以不讲出身，只看成绩。听到这个消息时，我正在田里插秧，来不及洗干净满是泥泞的腿脚，撒开腿就跑，告诉我父亲，我要参加高考。

“我父亲很惊讶：你三年都没看书了，来得及准备吗？我说：‘你只要给我借到复习材料，肯定能考上。’

“于是，我白天拼命干活，晚上就着煤油灯，看到深夜不知几点钟。那几个月，我学疯了，废寝忘食，啃了几遍高中课本，又做了许多习题，然后踏进考场。幸运的是，我被录取了，从此改变了命运。和我一起还有众多英才通过考试脱颖而出，如今已成为各界精英。他们一谈起高考，都一往情深。因为有了高考，我们可以编织一个中国梦：人人生而平等，英雄不问出处，凭借胸中大志、腹中才华，经历考试，必能成就一番事业，实现心中梦想！”

校长回忆起那段艰难而辉煌的岁月，脸上满是红光。这让杨略觉得，有这样珍贵的记忆，足以回味一生。过了许久，校长才继续说：“尽管我对高考有如此深情，但我还是要承认，现在高考出问题了。正如素质教育专家王全愈所说：‘高考曾让一代人挺起腰杆，现在又压弯了他们子女的腰杆。’我曾听一位父亲说，他为了督促孩子学习，在孩子才二年级时，就在他的书桌前贴了张纸，上面写着：‘距离高考还有3623天。’这是多么可怕的现实！

“许多人认为，高考是千军万马挤独木桥，原因是高校录取得太少。于是从1999年开始，全国进行了招生大跃进。但这是典型的头痛医脚，高录取率意味着高失业率。于是大家的目标从考大学，变成了考好大学，最好是考名校，高考压力毫无缓解，应试教育依然盛行。素质教育喊了多年，但学生的书包却越来越重，课业越来越难。同时，创造力、想象力之类，却并没有呈现上升态势。

“与此同时，大学生素质普遍下降，就业遭遇滑铁卢。在大城市边缘，出现了庞大的‘蚁族’，他们拥有大学学历，却没法找到一份满意的工作，过着朝不保夕、没有尊严的日子。”

杨略听到这里，内心起了强烈的共鸣。辛辛苦苦考大学，以后却找不到工作，那读书的意义又在哪里呢？这也难怪新一波“读书无用论”在兴起。听到这里，杨略不再是一个批判者了，他也想知道出路何在。

“校长，既然靠扩招解决不了高考的难题。那么，高考的弊端到底在哪里，该如何解决呢？”

“说到这里，我得梳理一下美国的大学是如何招生的。我曾去哈佛大学做过访问学者，了解过美国的高考，以及哈佛大学的招生制度。”

“哈佛是怎么招生的？肯定不会只看高考分数吧？”

校长罗列了哈佛招生的四项考核指标，一是SAT（即美国高考）成绩。他们可以每年参加七次SAT，然后把每次考得最好的科目成绩拿出来，组合成最佳成绩。二是初高中平时成绩。这使得学生平时也不敢怠慢。三是社会活动。包括义务劳动和有偿工作等。前者体现责任心，后者体现社会实践能力。四是个人特长。若在体育、文艺、科技方面有特长，并获得不俗成绩，自然能得到校方青睐。

“这四项指标都优秀者，可谓素质超群，日后能成为各界精英。此外，你一定听说过，哈佛每年都会淘汰一些‘高考’状元，就是因为他们虽然考试成绩好，但其他三项表现不佳。”

杨略大点其头：“就应该这样，只会读书的书呆子有什么用啊。”

“杨略，对比哈佛的招生制度，你总结一下中国高考的弊端吧。”

“我来总结？这太为难我了吧？”

“那你还敢炮轰中国高考？”

“嘿嘿，”杨略摸了摸脑袋，“我那不是初生牛犊不怕虎，无知者无畏嘛！”

“那你不妨再无畏一次吧。”

杨略看校长这么瞧得起他，也不由起了好胜之心。就是啊，凭什么我不能总结一下，有志不在年高，位卑未敢忘忧国嘛！他思考许久，费了许多脑细胞，才说：“第一，我觉得，中国高考只看高考分数，不管学生平时成绩，也不看学生的特长、品格，这就一叶障目不见森林。”

看到校长点头,得了鼓励,他说得更流畅了。

“为了让学生考个高分,学校里采用应试教育方式,考什么,就学什么,老师成了研究考试的机器,学生成了考试的机器。而关于怎么做人,以后成为什么样的人,不管是老师还是学生,都没时间考虑,更没有时间培养什么社会责任感。”

“不错,这就是应试教育的最大问题。还有吗?”

“还有……那就是高考只有一次,这太少了。这导致考生临近考试,压力巨大,在考试中往往难以尽力展现水平。所以应该增加每年的高考次数,缓解考生压力。”

校长满意地点点头:“杨略,你总结得很好,这几点是高考制度最大的问题。当然了,我们也有好消息,那就是许多高校开始自主招生,就是学习了美国的考核制度,尽管还不成熟,但在未来有望改变中国高考,优化中国教育。”

杨略兴奋了一阵,但随后就失望了。

“唉,这事听上去是很美,但要全面推行,就不知道是猴年马月了。我已经高三了,注定生不逢时。”

“那面对现实,你想怎么办?是选择牢骚满腹,还是积极适应呢?”

“肯定得适应啊,我可不敢大喝一声,爷爷我不考了。还不得悬梁刺股,争取考个好大学?”

看着杨略无奈的表情,校长笑了笑。

“杨略,你这还是属于消极适应。”

“那怎么才叫积极适应呢?”

校长说:“我给你讲个故事吧。小男孩艾克经常与家人一起打扑克牌。有天晚上,他连续几把都抓到烂牌,就不高兴了,开始抱怨起来。母亲正色说道:‘如果你要玩,就必须把手上的牌玩下去。发牌的是上帝,你能做的,就是把手中的牌玩得最好。生活就是这样。’后来,艾克在遇到生活困境时,总是会想起母亲的话,尽力调整心态去适应环境,面对挑战。他从一个平民家庭走出,从士官而成为上校,后来成为二战时的盟军总司令,最终成为美国总统。他就是艾森豪威尔。”

杨略说：“我明白你的意思，我们面临的现状，就是这样的高考方式，为了能走向更宽广的世界，我们只能选择适应，学好各门学科，并且在高考中取得佳绩。对吧？”

校长终于露出了满意的笑容。

“不错，要积极适应，除了应对考试，还要强调个性化。我听说，你父亲曾给你讲过人生规划，对吗？我想，人生规划其实就是个性化教育，发现个体特长，是真正的因材施教，能让学生拥有属于自己的目标，真正焕发强大的学习动力。”

“嘿，我爸也这么说。”

“我也听说了你爸的主张，其实，我也想在学校里推行职业生涯规划的课程呢。”

杨略从校长室出来，如释重负，一路跳跃而归，感念着宋校长真是通情达理。他原本是准备接受处分的，但校长根本没一句批评，倒是充分理解他的心理，进而条分缕析，说明高考利害，让他自己去领会，进而选择。

回到教室，同学们纷纷围过来问询，他大手一挥：“没事了，没事了！”并把校长的意思简要说了一下，同学们也都纷纷感叹，回到座位上，各自陷入思考。

当晚，杨略情绪极佳，学习效率也很高。晚自修后，他在月光之下独自骑车，不由心潮澎湃，一路挥扬着手臂，唱着汪峰的《怒放的生命》，声音高亢激昂。回到家后，欢快地吃完妈妈准备的营养加餐，回到房间，一打开电脑，就收到了爸爸的来信。

他诧异的是，爸爸竟然这么快就知道了他的事情。

第三课　发掘内心的使命感

亲爱的杨略：

见字如面。

从新闻里看到了你的事迹，虽然有点年少冲动，但爸爸为你骄傲。因为在你身上，我看到可贵的使命感，面对现实敢于发出自己的声音。就算这声音很稚嫩，但却能说破皇帝新衣的真相，因此难能可贵。顺着你的事迹，今天我们谈使命感。

你可能会奇怪了，我们不是在讲自控力吗，怎么又和使命感扯上了？其实这两者大有关系。

对自己的人生有使命感，就会积极上进，不让人生虚度，毕竟我们是如此难得才到世上走一遭，谁会忍心浑浑噩噩地过呢？其次，对家庭有使命感，就会用感恩之心，催发自己前进。尤其是一些寒门子弟，一想到父母谋生之艰难，期望之殷切，就不敢松懈。除此之外，对社会和世界的使命感更会带来源源不竭的自控力。

可以这样说，使命感决定了一个人的视野与格局。你的心有多大，舞台就将有多大。

你在自我设限吗？

我有过不少学生，天资聪颖，学什么都快，但一旦略有成就，他就沾沾自喜，停留在原有的成绩上，做一些不费力的事情，从不去挑战自我，勇攀高峰，于是自我设限，水平停滞不前，成就也非常有限。

为什么会这样呢？

对此，心理学家斯坦利·库帕史密斯做过一个著名的实验。

一群中学生去投篮，每人允许投六下，位置任选。

有人站在篮筐底下，基本上百发百中。

有人站在罚球线上，他们有机会投进，但需要技巧。

有人站在三分线外，大力扔球，但能否投进，全凭运气。

看到这里，请你思考两个问题：

第一，你会选择站在哪个位置投篮？

第二，你觉得选择哪个位置投篮的学生最有进取心？

有人这样回答："第三类人最有进取心，他们有勇气，有魄力，敢于突破自己。而第一类人显然是窝囊废，最不思进取了。"

其实这两类人一样，都非常害怕失败。这么一说，你肯定觉得不可思议："怎么会呢？他敢站得那么远扔球，还会怕失败吗？"

那么，我们来分析一下他们的心理。第三类人站在三分线外，学生如果走运，球扔进去了，当然是个奇迹，他们一跃而成为天才。如果扔不进呢，他们会若无其事地摇摇头，说："你瞧，我站得这么远，扔不进是正常的，这不是我的真实水平。"你看，他们用这个策略，回避了挑战，保全了自己的面子。

第一类人不可能失败，风险最低，成功是理所当然，但也毫无价值。这说明他们只愿意成功，不愿意失败，所以永远做着能力范围内的事情，不思进取。

而只有站在罚球线上的学生，认真地投篮，努力争取成功，每一次投掷都有非凡的意义。因为他们在训练自己，挑战自己。而唯有这样，他们才会提高球技，才会成长。

在后期的追踪观察中，库柏史密斯发现，站在篮下和三分线外的学生自我评价都很低。成功没有意义，失败又会影响自我评价，让他们感觉越来越糟，所以他们逃避挑战，躲进龟壳里。

对此，心理学家罗洛梅总结说："许多人觉得，在命运面前，自己的力量微不足道，打破现有的框架需要非凡的勇气，因而许多人最终还是选择了安于现状，这样似乎更舒适些。所以，在当今社会，勇敢的反义词已不是怯懦，而是因循守旧。"

那么，到底是什么局限了我们的潜能？

为什么有人自轻自贱，不思进取，生了翅膀，却飞不起来？

为什么曾经取得小小成功的人沉醉于昔日的荣光，故步自封，在人生的长跑中逐渐变得落后？

为什么经历小小失败的人从此封闭雄心，在抱怨和自卑中消磨岁月，不敢去尝试着锻炼并发挥自己的才能？

听起来，这就是一个“失败魔咒”。那么，如何才能破解这个“魔咒”？

提高自我效能，激发强大的自控力

所谓自我效能感，由心理学家班杜拉所提出，是指人们对实现目标所需能力的信心或信念，说白了，就是：“我可以！我能胜任！”这种心态，对学习具有巨大的影响。

1983年，贝聿铭和女儿贝莲走在巴黎的大街上，一个法国女人看到他们，擦肩而过时，朝贝聿铭的脚边吐了口浓痰，然后扬长而去。贝莲十分惊讶，半晌无语。贝聿铭却淡淡一笑：真有意思。

他知道接下改建卢浮宫的工程后，自己成了过街老鼠。

卢浮宫是气势宏伟的皇家宫殿。但到了近代，卢浮宫成了一个破旧不堪的博物馆，灯光昏暗，积满灰尘，卢浮宫入口处标志不清，让游客晕头转向。

密特朗出任总统后说，挑中美籍华人贝聿铭来改建卢浮宫。整个巴黎都大吃一惊，尽管此时贝聿铭已名满天下，但这项任命引起了法国各界的强烈不满，许多人还恼羞成

知识点链接：

贝聿铭，生于1917年，苏州望族之后，哈佛大学硕士，美籍华人建筑师，1983年普利兹克奖得主，被誉为“现代建筑的最后大师”，其作品以公共建筑、文教建筑为主，被归类为现代主义建筑，善用钢材、混凝土、玻璃与石材，代表作品有美国华盛顿特区国家艺廊东厢、巴黎卢浮宫扩建工程、中国香港中国银行大厦。

卢浮宫，法国最大的王宫建筑，位于首都巴黎塞纳河畔，为世界三大博物馆之一。该宫始建于12世纪末，以收藏丰富的古典绘画和雕刻而闻名于世，是法国文艺复兴时期最珍贵的建筑物。卢浮宫共分希腊罗马艺术馆、埃及艺术馆、东方艺术馆、绘画馆、雕刻馆和装饰艺术馆6个部分，其中最著名的是镇宫三宝“爱神维纳斯”、“胜利女神尼卡”和“蒙娜丽莎”。

怒，纷纷在报刊上撰文怒骂："怎么叫一个华人来修建我们最重要的建筑？他会毁了卢浮宫。"

贝聿铭毫不在意，开始紧锣密鼓的勘察与设计，而最具代表性的设计，是他准备在拿破仑广场修建一座玻璃金字塔，旁边三座"小金字塔"侍立，还有三个水池，三角形，池水清冽，涌出喷泉。

这样大胆的想法又引起了轩然大波。法国舆论开始尖叫："怎么可以在拿破仑广场盖东西？你们会毁了全世界最重要的都市景观！"

强大的批判阵势，几乎让贝聿铭难以承受。但他顶住了万千压力，1988年，卢浮宫改建终于全部竣工。当大家走进灯火通明的金字塔，原本阴森漆黑的卢浮宫被600盏聚光灯照得闪闪发光。金字塔晶莹剔透，堪称奇景，让人叹为观止。法国人曾经极力反对的金字塔，一跃成为他们的骄傲，巴黎人倾城而出，来卢浮宫欣赏最新的"纪念碑"。

贝聿铭是如何坚持下来的呢？在回忆往事时，他由衷地感叹："做事情最重要的是维持十足的信心，你必须对自己说，如果我相信我是对的，就不必在乎我是谁。旁人接受不接受对于我并不是最重要的。我自己接受不接受比较重要一点。总而言之，觉得应该做的，觉得是对的，那就应坚持。客观怎么说，这个我不知道，要等历史来评判，再过几十年再看旁人怎么批评。"

从他的坚持，我们可以看到，他具有很强的自我效能感。

心理学家戴尔·申克发现，学习自我效能低的学生会逃避很多学习任务，尤其是那些有挑战性的学习任务；而自我效能高的学生渴望解决这些具有挑战的学习任务。与自我效能低的学生相比，自我效能高的学生更有可能把学习任务坚持到底。

那么，自我效能感到底是怎样影响着我们的自控力呢？

首先，自我效能感影响我们的选择。在学习和生活中，我们面临着许多选择，比如考什么层次的大学，今天完成什么难度的习题，怎样去行动以及努力多久。积极的自我效能感，能让我们做出积极的承诺，并为之付出努力。

其次，自我效能感能决定耐挫力。遇到障碍时，自我效能感越强，其努力越具有力度，越能够坚持下去，而对自我效能感低的人容易放松努力，或完全放弃。

爱迪生发明电灯做了一千五百多次实验都没有找到适合做电灯灯丝的材料，有人嘲笑他说："爱迪生先生，你已经失败了一千五百多次了。"爱迪生回答说："不，我没有失败，我的成就是发现一千五百多种材料不适合做电灯的灯丝。"他显然是个自我效能感很强的人。

第三，自我效能感影响心态。自我效能感低的人接受任务时，眼睛盯着自身不足，夸大潜在困难，容易想到失败，而不是如何实现目标；自我效能感高的人关注于目标本身，遇到障碍时会想办法解决，而非畏惧退缩。

所以，自我效能感强的人深知自身能力，拥有积极心态，选择合适的目标，相信自己可以改变命运，而不是让命运来主宰自己，并以韧性促进自己前进，所以他们勇于挑战，最终可以不断超越自我。

而这种自我效能感如何培养呢？

第一，精心选择自己的长期目标，总是想有所作为。

马克·吐温讲过一个故事：一个往生者在天堂遇到了圣彼得，便问："我一直对军事很感兴趣。请问，谁是史上最伟大的将军呢？"圣彼得指着角落里的一个人，说："你瞧，历史上最伟大的将军就是他。"往生者疑惑地说："真的吗？这、这怎么可能呢？……这个人我可熟悉得很。他只是再普通不过的商人啊。"圣彼得说："没错，他的确是个普通商人。不过，他曾经有机会成为伟大的将军。哪怕他试上一试呢，历史上最伟大的将军就非他莫属了。"

故事有点荒诞，对吗？但没有良好的自我期许，的确容易浪费天赋，光阴虚度。孟子曾豪气冲天地说："欲平治天下，当今之世，舍我其谁也？"我们未必一定要平治天下，但通过人生规划，每个人都将选择一个行业。那这个行业的佼佼者，凭什么就得是别人，为什么不能是我？

第二，选择中等难度的短期目标。

正如库帕史密斯的实验显示，真正有效的目标既不能唾手可得没有一点成就感，也不能难度很大只能凭运气，而是要通过奋斗可以达到，并从中体验成功的喜悦。因此，我们不要脑子一热，就不顾实力如何，选择申请美国常青藤院校，而是要选择比自己目前实力稍高一点的学校作为奋斗的目标。

第三，得到及时反馈。

我们要定期获得成就感，才能促使我们继续努力。正因如此，每个阶段的考试，都是我们自我检测的极佳机会，从而了解自己是否有所进步。良好的自我效能感源于一次次迎接挑战，逐渐获得进步，对自己的能力有进一步了解，并且接受更高的挑战，并努力获得成功，以此形成良性循环。

让个人使命与社会目标一致

作为中学生，每天埋头做题，以分数为追求目标，这无可厚非，但我们在追求分数的同时，还要强调目标的崇高化。在规划人生目标时，应该考虑一个问题：个人目标是在社会中实现的，个人目标与社会目标一致时，才会产生重大的意义和价值。如果一个人感觉不到自己属于更伟大更长久的事物，他就无法过上真正出色的生活。

而且，当我们与世界融为一体，从事一项为之自豪，为之激动流泪的事业，那么我们将具备强大的动力，以及矢志不渝的自控力。

著名心理学家罗伊·鲍迈斯特在《意志力》一书中讲到一个事例：

美国海军海豹突击队遴选队员时，要经历魔鬼训练周，其残酷程度令人发指：每天睡眠不足 5 小时，其余时间不停地跑步、游泳、攀爬，并接受教官的凌辱。由于身心备受煎熬，一般而言，每个海豹班至少有 3/4 的人完成不了训练。教官们发现，最后通过考验的人，不一定是肌肉最强壮的，而是那些能够超过个人痛苦，思考怎么帮助队友的人。他们不仅有勇气和体力，还有一颗博爱之心。

这个结论是让人惊讶，也让人振奋的。历史上大凡意志如钢者，都不是蝇营狗苟谋求私利之人，而是那些胸怀天下，心系民生的伟丈夫。因为他们在事业中找到价值，充满了崇高的使命感，鞭策自己孜孜以求，表现出强大的自控力。

写到这里，我想到了钱伟长先生的故事。他是我国近代的力学奠基人之一。但是1931年他考取的却是清华大学中文系。因为他的国文和历史特别出色，每门都是满分，而数学、物理、化学、外语极差，4门课加起来只有25分，其中外语是0分，物理是5分。钱伟长选好志愿的第二天，“九·一八事变”爆发了。他认为只有科学才能救国。于是，他主动要求改学物理，为中国造炮弹。在他的反复要求下，学校只好同意，但约定：如果一年内，他的数学微积分和物理成绩在70分以下，就将他退回中文系。国难当头，钱伟长焕发了强大的动力，除了吃饭、睡觉，他把所有的时间都用到了学习上。第一学期结束时，他的物理及格了；第二学期结束时，他的数学、物理、化学、外语都考了80多分。大学毕业后，他又考取了清华大学物理系研究生。后来，他到加拿大留学，获得了博士学位。

对祖国和民族的使命感，居然能让一位物理只能考5分的偏科生，成为了杰出的物理学家。你能想象这种使命感的伟大力量吗？

我们再来看约翰·肯尼迪的华丽转身。

看到在哈佛读大一的肯尼迪，大概谁也不会料到，日后他竟会成为美国最年轻的总统。

他体形瘦长，虽穿西装，却是双肩斜塌，一幅玩世不恭的样子，从小就不守校规，高中时成立了一个“无赖”俱乐部，带一帮小无赖，专事捣蛋，与校方针锋相对，即便到了大学，也是“赖”风不减。

此外，他还是风月场上的高手。仗着容貌俊秀，言语幽默，加上出身豪门（其父乃亿万富翁，又是当时美国驻英大使），他魅力四射，身旁美女如云，号称“少女杀手”，偏又不负责任，视

知识点链接：

约翰.F.肯尼迪（1917~1963），美国第35任总统，也是美国历史上最年轻的当选总统，毕业于哈佛大学，二战期间，他曾在南太平洋英勇救助了落水海军船员，因而获颁紫心勋章。在他总统任期内的主要事件包括：猪湾事件、古巴导弹危机、柏林墙的建立、太空竞赛以及美国民权运动。他一直被大多数美国民众视为历史上最伟大的总统之一，1963年11月22日他在达拉斯遇刺身亡。

女子如敝屣，招之即来，挥之即去。耽于风月的他，成绩自然一般。长此以往，他定然是不可救药的。不料，一次暑假的远行，却让他脱胎换骨。

1937年7月，正值“二战”前夕，国际形势风云变幻，危机四伏。希特勒在德国的威望如日中天，其野心也日益膨胀，4月时轰炸了西班牙的格里尼卡城。在远东，日本发动卢沟桥事变，并大规模入侵中国。英国、法国、苏联、美国等国都看到这些威胁，但都态度暧昧。

20岁的肯尼迪前往欧洲各国旅行，看到了欧洲局势。在他看来，英国是欧洲政治之锚，是欧洲各国和平的担保者。而当时的英国首相张伯伦面对日渐壮大的法西斯力量，并未进行积极备战，而是力求通过妥协谈判，避免战争扩大化。这是最佳选择吗？

假期结束后，他回到哈佛大学，将满腹的疑问倾吐到教授们面前，去寻找答案。教授们倒先惊呆了，他们很难相信，眼前这位目光炯炯、充满求知欲的青年，就是那位臭名昭著的花花公子。

“二战”不可避免地爆发了。英国由于备战不力，被打得措手不及。肯尼迪想得更远：英国在战前选择犹豫不定，导致战时猝不及防，狼狈不堪。而美国凭着一洋之隔，准备隔岸观火，没有积极备战。可万一法西斯国家旋风般攻下欧亚大陆，从血腥的战场上站起来，必然将滴血的矛头指向美国。那时的美国势单力薄，独自对抗强大的敌对力量，局面肯定不可收拾。

所以在他看来，绥靖政策误国误民，美国不可重蹈覆辙！

在哈佛名师的指导下，他对绥靖主义的根源与进程进行大量的阅读调查，作为四年级的毕业论文。那段时间，他废寝忘食，全身心投入其中，内

知识点链接：

绥靖政策（policy of appeasement），也称姑息政策。“绥靖”一词，来源于《三国志·吴志·陆逊传》，意思是“安抚平定”。到了现代，作为政策，它成为一种姑息养奸的做法，对侵略不加抵制，姑息纵容，退让屈服，以牺牲别国为代价，同侵略者勾结和妥协。第二次世界大战前，这一政策最积极的推行者是英国、法国、美国等国，主要表现为扶植战败的德国、支持日本充当防范苏联的屏障和镇压人民革命的打手。

心充满了使命感、神圣感，还有紧迫感。因为肯尼迪有一个目的：让美国赶快醒悟过来。

管宿舍的阿姨对他印象很深刻，因为老碰到他从另一边走过来，独自一人，行色匆匆，手里捧满了书。有时天正下着雪，他却光着头，头发上满是雪花。

阿姨问他："你的帽子呢？"

他回答："我不能戴帽子，我必须保持头脑清醒！"

他整天泡在图书馆中，很晚才回到寝室，然后开始打字，将一天所得化作文字。四周一片寂静，只有"嗒嗒"的打字声，从房中传出很远。

尽管他依旧不拘小节，但漫不经心的举止后面，却蕴含着一种敏锐的洞察力。如今一旦受到启示，开始忘我工作，他的自控力、想象力与创造力都被激发出来。

数月后，论文一经完稿，即以《英国为何沉睡》的书名出版，在社会上引起了极大轰动，获得政界、学界一致好评，说这本书"为一个面临着国际危难的国家提供了一剂治病良方"，并成为当年美国最畅销的书。

至此，这位行为浪荡、穿着邋遢、不守校规、多病多难，在高中时曾因聚众闹事而差点被赶出校门、在哈佛时又被视为花花公子的富家子弟，一夜之间名满天下，成了一位青年才俊，为日后飞黄腾达做好了积累。其中的经验，不是很耐人寻味吗？

生态文明，新时代青少年的使命

我们的世界并不完美，我们面对着一个大杂烩——不完善的教育体制，严重的腐败问题，危及健康的食品安全和环境污染，落后的交通，机会的不均等以及城市与农村之间危险的落差。所有问题都亟待解决。我相信，少年学子都有义务帮助消除这些疾患。

当然，到了我们这个时代，战争虽然时有发生，饥荒在一定的区域内还存在，但是所有人类面临的最大问题，是生态危机。为此，许多社会精英站了起来，高声疾呼，希望引起大家对生态问题的注意。美国前副总统阿尔·戈尔就是其中代表。他1948年出生，毕业于哈佛大学，曾于1993

—2001年担任美国副总统，离任后迅速把目光从政治投向了大自然，投向了环保事业，成为一名国际上著名的环境学家，由于在全球气候变化与环境问题上的贡献受到国际的肯定，获得了2007年度诺贝尔和平奖。

他曾经拍过一部纪录片《难以回避的真相》，并且发表过无数的演讲，而最激动人心的，莫过于他呼吁发动新能源战略的那次：

与我们过去的记忆相比，龙卷风更加频繁，旱灾持续更久，暴雨更大，洪灾屡创纪录。加州和美国西部其他地区的火灾史无前例。气温的升高使植被变得更干燥，所引发的大火在加拿大、希腊、俄罗斯、中国、澳大利亚和南美、非洲肆虐。特拉维夫大学地球物理学和行星科学系的科学家的研究表明，气温每升高一度，雷击数量就会再增加10%。而闪电仍然是当今加州引发大火的主要原因。

而一切问题的答案就在我们的手中，那就是：停止对碳基燃料的依赖。

我们有这样的燃料。科学家已经证实，每40分钟辐射到地球表面的太阳能便足以供应全世界一整年的能源需求。从太阳能中取一小部分就可以满足美国全部的用电量。每天吹过中西部走廊的风能也足以满足美国100%的电力需求。地热能同样也能为美国提供大量的电力。

开始使用这些可再生能源的最快速、最廉价和最好的方式是发电。实际上，我们可以立即开始使用太阳能、风能和地热能为家庭和企业供电。

正因如此，我提出一个战略计划，用10年时间，开发新能源，把我们从危机中解救出来，摆脱牵制，重掌自己的命运。我们必须帮助我们的国家实现另外一个改写历史的目标。我们整个的文明依赖于我们。我们必须义无反顾地登上“探索与发现”的旅途。我们再一次拥有了人类迈进一大步的机会。

从领袖人物的身上，我们可以看出这样的特质：他们深味人间疾苦，而且高瞻远瞩，在危机面前，敢于肩负责任，为民众奉献自身的同时，也就实现了人生的价值。儒家所谓“修身齐家治国平天下”，也是一样的道理。

当然，一个人不需要谋求担当国家或世界的领导，才能对国家福祉、世界和平做出贡献。正如冯友兰总结王阳明“心学”时所说：“作为国家一分子，尽责尽力，同样可以对国家的福祉做出贡献；作为世界一分子，尽责尽力，也一样可以对世界做出贡献。这样真诚地竭尽己力，就是‘止于至善’。”

人生就是这样一种修行。

祝福你。

你的大朋友

倪甫清

9月22日

杨略看完了信，看着窗外的枫香树，以及墨蓝色的夜空，偶尔听到远处的犬吠，心里无比激动，历史的星空中，闪耀着那么多如雷贯耳的名字，无不是适应潮流，履行着自己的使命。

“那我的使命又是什么？”

他从戈尔身上联想到很多，近年来日渐严重的雾霾事件，层出不穷的食品安全问题，还有频频曝光的腐败事件，让他浮想联翩。自己的读书，写作，难道单纯为了成绩，或是为写作而写作？不，他要掌握知识，思考经邦济世之策，然后通过精妙文笔，针砭时弊，有助于澄清世道。

大丈夫应当如此。虽然说起来大而空，在这个屌丝横行的时代，精神矮化，以自轻自贱为荣，一听豪言壮语就觉得荒诞可笑，这种理想是十分不合时宜的。

“但是，”他想，“这些事情总要有人做的。”

想到这里，他心绪难平，拿出纸笔，写下了一首七言绝句：

谁言书生腐儒酸，一掣腰下有龙泉。
苦读且待隆中对，白衣仗剑赴关山。

放下了笔，反复朗诵，心里越发自豪。我又怎能只做一个书呆子，白首穷经，雕词琢句？一袭白衣，胯下白马，腰间龙泉，再加上胸中壮志，腹内才华，那才是英姿勃发的少年形象。

妈妈在客厅里接电话，声音很轻，偶尔有几个词语落到杨略的耳朵里，什么肿瘤啊、化疗啊。唉，医生嘛，总免不了与这种不详的字眼打交道，连晚上都无法避开。这时妈妈放下电话，从房门前经过，看到了他的房间里亮着灯。

“略略，该熄灯睡觉啦。”

杨略答应着，关了灯，躺在床上，依然激动得难以成眠。今天实在发生了太多的事情。高考、使命、梦想、写作……诸多词语在脑海中回旋不停。他就放任思绪如野马般奔驰下去。

高考？嗯，高考，绕不开的话题。既然他的使命是“苦读且待隆中对”，那么就理应直面高考，迎难而上，用强大的自控力取得好成绩。况且，要想写出好作品，就不该生活在完美的乌托邦里。现实与理想的矛盾，恰是写作的素材。

一想到现实和理想这个问题，他的思绪就飘远了，想到一个深秋的傍晚，他和葛怡、楚当当曾有过一次对话。楚当当是杨略同学，喜爱绘画，性情颇为洒脱，因在前途选择方面与父母不和，曾一度离家出走，卖画为生，所以洒脱之余，不免有些忧郁。

“如果我们和世界产生了矛盾，你说，是世界错了，还是我们错了？”

楚当当抛出的这个问题，引起了一阵沉寂。天色渐渐阴沉，马路上凉风飕飕，宽大的梧桐叶无助地凋落。

没有等到答案，楚当当看着灰蒙蒙的天空。

“我想，肯定是我们错了。”

“当当……”葛怡看到她的消沉，却又无法劝慰。

杨略倒也时常思考这些玄之又玄的问题，但哪里有什么答案，只是飞起一脚，踢起几片干枯的落叶。

楚当当继续说：“世界是不会错的，因为它已运转亿万年。即使它真的错了，我们也无法改变。我能做的，就是去适应……”

葛怡是个素净的女孩，总是愿意看到阳光的一面。

“可是，这样的适应，不就是进入大染缸吗？”

杨略叹了口气，心里默默想：“谁说不是呢？少年人总在批判现实，讨厌某些人，憎恨某些作态。但可悲的是，等这些少年渐渐成长，在俗世里挣扎，蓦然回首，却发现自己悄然变成了当年讨厌过的那类人。于是王小波说，生活在慢慢走向庸俗。”

楚当当的脸上露出一种冷酷的微笑。

“所谓适应，就是摸清世界运行的规则，还有潜规则，而后投身当中，游刃有余。”

杨略对这种玩世不恭的态度颇为不满，他脑海里飞速旋转，想要找到依据来反驳。

“当当，你知道张居正吗？”

“嗯，”楚当当点点头，“历史课上偶尔听过一两回，明朝的大官啊。”

“官场算得上是最险恶最复杂的地方了吧？有些人刚正不阿，比如海瑞，一辈子清廉刚直，被称为海青天。但说到底，他处处受人排挤，一辈子官位低微，除了具备象征意义，其实并没有为国家做多少实事。而张居正则不然，他善于玩心计，钩心斗角，无所不为，在官场上左右逢源，终于爬到宰相位置，大权独揽，却开始运用权势，励精图治，重振朝纲，使明朝出现了盛世之态。”

“你想说什么？”

“我想说的是，当我们没法改变现实，那就先改变自己，暂时适应，等到我们有了力量，再来改变现实。这就是外圆内方！”

杨略想到这里，不由觉得好笑。当初他劝慰楚当当时，说得头头是道。如今自己摊上这事了，却依然想不开，钻了牛角尖。看来，从“懂得”到“做到”，还有很长的路要走啊。

他静静地笑了，身心舒坦，渐渐沉入了睡乡。

杨略以为这件事到此为止了，其实自己的一席话，在学校高层掀起了一个巨大的风波。就在第二天下午，宋校长召集几个副校长，还有教导主任以及各班班主任，在学校的会议室召开了一个会议，专门讨论杨略事件。

沙老师身为教导主任，坐在校长身边，当仁不让地率先发了言。

“宋校长，我是教导主任，学校出这种事情，我难辞其咎。我早就发现杨略思想不对，还让他去红旗下讲话，结果捅了这么大一个篓子。”

话音刚落，坐在末席的欧阳老师就说：“沙主任，我并不觉得杨略思想有什么不对！”

欧阳子方毕业于名校，是文学硕士，现在教语文，对教育充满热情，满脑子的先进教育理念，对目前的教育制度也颇有不满。他听完杨略的发言后，心里暗暗叫好。觉得学生犹能如此勇敢，说些良心话，他这个做老师的又岂能畏缩？

沙老师原本以为，今天的会议就是宣判会，大家集体讨论一下，该给杨略一个什么处分，什么警告啊，严重警告啊。最起码，得让他当众道歉。他万没料到，欧阳子方居然并非自己阵营的。所以他没好气地说：“欧阳老师，不要因为杨略是你们班的，就护犊子啊。”

对他的语气，欧阳老师早有准备，所以并不在意，而是用很诚恳的语气说：“宋校长，各位领导。今天我听杨略讲话，其实心里很有共鸣。他尽管有些偏激，但说的都是实情。我们的中学教育肯定有问题，改革也是迫在眉睫。很多时候，我们走了很多路，却忘记了当初为什么出发。我们的教育也是如此。在这里，我想请教一下沙主任，您觉得教育的最终目标是什么？”

沙老师不乐意被质问，满脸不悦，扭头看向别处，并不理会。但发现宋校长的目光也盯在他身上，不能不回答，就说：“教育的最终目的，就是培养人才。”

欧阳老师轻轻一笑，既不赞同，也不否定，径直说了下去。

“怀特海认为，人接受教育的过程，就是自我发现的过程。我非常认同他的观点。因为每个学生都是一块璞玉，外面包着顽石，初看不起眼，但经过细心的雕琢，都能找到里面的玉石。这把雕刀，就是教育。里面的玉石，就是个人的特长。”

说到这里，有不少老师已在点头。

“可是现在的教育，片面强调成绩，用同一个标准来培养学生。那些有特长的学生，往往备受打击，最终被磨去了棱角，变得连最平庸的学生都不如。更多的学生每天像牛马一样，只知道做题，却不知道方向在哪里。一到文理分科、自主招生、填报高考志愿，甚至是大学毕业，该自己选择道路了，都是一片茫然，无所适从，不知该走向何方。这说明教育和社会脱节太厉害了！现在连学生都已意识到这一点，我们更应该反省了！”

沙老师听不下去了。

“哼！难怪杨略会说那种话，原来都是班主任教出来的。你倒是说说看，要是没有好成绩，考不上好大学，什么方向啊理想啊，不都是瞎扯吗？”

“可是如果一个学生有了属于自己的理想，知道为自己而读书，才会有真正的学习动力，难道不是这样吗？”

“那你去问问你的学生，有几个知道自己的理想呢？”

“不错，我问过，他们都在摇头。这说明什么？说明我们更要积极指引。”

“怎么指引？我们不是一直在指引吗？”沙主任说得激动，恨不能站起来，像列宁一样伸出右臂，“让他们努力学习，考上好大学。”

但欧阳老师寸步不让，针锋相对，语速也变快了。

“考大学不是理想，顶多算是个短期目标。正如杨略所说，我有很多学生，一考上好学校，似乎大功告成，就变得懒惰了，荒废了大学时光。为什么呢？因为考大学的目标实现了，他们可以不再受苦了。”

“那你觉得理想是什么？是为祖国奉献终身？”沙老师的语气，分明是有些讥诮了。

“最起码，得明确日后的职业事业是什么，现在要做哪些准备。”

“你和高中生谈职业，才不会有人理你呢。他们现在的想法，就是一门心思考试，考完就解脱了。”沙主任说这话时，脸朝向周边的老师，露出现实主义的微笑，希望得到大家的支持。果然有几位老师深有感触地点点头。

但欧阳老师的理想主义似乎更富光彩。

“所以我们更该给他们一个方向，免得他们白辛苦一场。盲目的人生是没有价值的！”

沙老师还要争辩，宋校长摆了摆手，深沉地说：“沙主任，欧阳老师，你们的话都有道理。我也一直在思考，我们的中学教育到底哪里出问题了？高考制度以分数选择学生，暂时还不能改变。那我们有没有办法，在应试教育的重压下，给学生一点阳光呢？”

欧阳老师的眼里闪烁着期待的光芒。宋校长毕竟是全国名师，留洋人士，应该会有更前沿的想法。

宋校长继续说：“我正准备推行一个新政策，增加中学生职业生涯规划课程。我已经草拟了一个方案，本来打算明年实施。现在听了杨略的话，心里很感慨，事不宜迟，现在就该实施，帮助更多的学生。”

校长秘书站起来，发给每人一份材料，上面说了生涯规划的意义，又罗列了方案。限于篇幅，浓缩一下，大抵如下：

中学生职业生涯规划实施方案

一，课程渗透。在现有科目中，渗透进职业信息。比如语文课，可以谈谈作家、编辑、记者等职业。美术课可以渗透进动漫设计、服装设计等等职业的内容。其余课程，比如化学、物理、生物，都以此类推。

二，专业介绍。可按大类专业区分，请各专业的佼佼者来开设讲座，现身说法，告诉学生每个专业具体做什么，日后可以从事什么职业。

三，职业能力个性检测。通过检验和实践，让每个学生了解自身特长、兴趣、价值观和个性。

四，撰写规划。通过专门教师指导，在了解自身能力个性和专业、职业特色的基础上，撰写职业生涯规划书，逐渐明确发展方向。

“这就增加了老师备课的难度啊！”沙老师一边看，一边嘀咕。他说的也是实情，广大教师已习惯于研究试卷，不擅长接触社会了。高中里不仅学生是考试机器，许多老师也不能幸免，一起被异化了。

欧阳老师把方案上的一条条看完，兴奋得身子有些颤抖。

“宋校长，这份方案很及时，如果能在高中三年分步进行，效果更好。”

“哦？”宋校长说，“欧阳老师对这个问题也有研究？”

“谈不上研究，只是有点思考……”

“愿闻其详。”

“高一适当引导，让学生了解自我；高二则通过社会实践或讲座等形式，让学生了解各种专业、职业的特点以及社会需求；到了高三，就要让学生明确方向，填报大学志愿……”

他和宋校长你一言我一句，说得非常热闹。沙老师等了很久，终于插进了一句：“宋校长，我们该给杨略一个什么处分呢？”

“处分？谁说要处分他了？”

“就这么便宜他了？”

宋校长露出宽厚的微笑。

“什么叫便宜呢？他只不过说了点心里话，语气是偏激了点，可这不算犯错嘛！”

“可……”沙老师在寻找理由，“他整天写小说，很影响学习啊。”

欧阳老师说：“关于这一点，我会和他谈的。”

沙老师喉结动了一动，似乎要说点什么，但最终什么也没说。

第四章

要学习了，却并不马上开工，直到没时间了，才在强敌压境的恐慌紧张气氛中，火急火燎地做完作业，效果自然不佳。如果任务一拖再拖，任务积压得完不成，就让人望而生畏。许多学生成绩每况愈下，究其原因，往往是因为一个知识点未能掌握，但拖延着不去解决，结果就成了一个肿瘤，阻碍了后面知识点的掌握，最终导致成绩下降。

国庆节是个补习旺季，放假之前，学校门口全是培训班在发传单，这个号称名师坐镇，那个说高分捷径，就差说自己是命题组老师了。同学们都免不了动心，高考毕竟生死攸关，所以收集了不少传单，一下课在争论着补习班的优劣。

葛怡说："参加补习班就像不吃正餐吃零食，只能营养不良。"

说这句话的时候，葛怡靠着窗站着。正是初秋时节，刚下过一阵雨，又出了太阳，空气湿润清爽，有着青草味儿。窗外是几株槭树，苗条舒展，微风拂过，槭树像少女一般，没来由就笑得发颤，袅袅婷婷，叶片是滋润鲜亮的，抖落了一地阳光。

在杨略看来，葛怡也是如此，青涩，明亮，而且超然，于是轻轻地说："谁能像你一样超脱啊。"

"少奉承我。"葛怡眼角儿一瞟，嗔里带笑，"他们都想去，你不报一个？"

"好不容易逮到个假期，就自由安排吧。"

他们就约好，不上补习班，并且各自写下极具雄心的复习计划。除了完成老师布置的各科试卷，杨略还要在数学上多花点力气，于是选定了一本习题集。葛怡语文不佳，则是多背几篇诗文，再读一点文学名著，杨略也替她选好了书目。这当中可没有补习班的立足之地。

可就在放假的第一天，杨略发现高估自己了。

说来原因很简单，这天的12点有一场NBA球赛，顿时把他的计划打乱了。

虽然这只是季前赛，但比赛双方乃是湖人队与火箭队呢，场面就接近总决赛了。湖人队有科比、加索尔、纳什，都是名动天下的巨星，而火箭队则有林书豪，在中国具有超高人气。这样的高手对决，怎能不令他这个篮球高手热血沸腾呢？

按他原来的计划，今天上午要做完一份数学测试卷，一份历史测试卷，下午研读莫言的中篇小说《红高粱》，看他精妙的文笔。此外，他还要再做几篇英语的阅读理解。

吃完早饭，妈妈去医院值班，一边穿鞋子，一边交代："略略，冰箱里有菜有肉，你自己做一下。"

杨略答应着，就回到房间，打开数学卷子，做了两道简单的选择题，可心里却痒痒的，牵挂着球赛。他太想了解湖人队之前的战况了。

"就看五分钟，扫一眼网页就打住。"

他心里说着，就打开电脑，查看相关新闻。文中介绍说，前一场比赛中，科比有个双手扣篮，可谓精妙绝伦，艺冠全场。但文字毕竟是单薄的，杨略忍不住又点开了一旁的视频，看比赛的重播。这一来，他就全心沉醉了。俗话说，外行看热闹，内行看门道。杨略对篮球再熟悉不过，看着高手们腾跃的身姿，娴熟的技巧，真是心旷神怡，真想立即拿起篮球演练一番。

时间噌噌噌地过去了半小时，已经 8 点 45 了，可比赛还正精彩呢。

"得，再看 15 分钟，就去看书。"

接下来的比赛视频，他是快进着看的。15 分钟后，他终于看完这场比赛，也见识了科比的扣篮，总算了却一桩心事。可是，他还是心神不宁，因为湖人队的对手火箭队此前的赛况，他也同样关注啊。

"一不做，二不休，干脆，再看一会儿？"

他心里在激烈斗争，最终愧疚还是战胜了放纵。

"唉，还是算了！自控力！自控力！"

他念叨着，按捺下念头，关上电脑，又面向数学卷子。但心思一散，哪容易这么快就收拢来呢？一直磨了半小时，数学的公式才取代篮球的抛物线，终于做出了一些题目，心境也渐渐平和了。

可是恰在此刻，门铃却不合时宜地响了。

"谁啊，早不来晚不来。"

杨略将笔一扔，骂骂咧咧走到门口。原来是个快递员，递来一个包裹。

"哦,对了,之前让妈妈给我买了几本书。"

他签了字,送走快递员,打开盒子,里面是妈妈的几本医学专业书。他瞄了一眼,是《现代肿瘤学》《肿瘤放射治疗学》,厚厚几册,让人望而生畏。

"妈妈怎么关注起肿瘤来了?她又不是肿瘤科的。"

杨略嘟哝着,再看下面,是一本海淀区的数学习题集,一本毛姆的短篇小说集。还有一本,则是林书豪的传记。

"林书豪?我没买这本书啊,妈妈更不可能给我买。"又一看清单,原来是买书的赠品,他不由一笑:"嘿,还真是想什么来什么啊。这是天意啊。"

既然是天意,他可不敢违背,暂时把数学抛在脑后,顺势在沙发上安坐下来,拆开林书豪传记的塑封,里面掉出一张光盘,是林书豪比赛集锦。他把光盘插进了影碟机,果然是林书豪的成名之战。在呐喊声中,林书豪宛如天神附体,闪展腾挪,或远投,或近攻,五场首发共得136分,风头直逼当年的乔丹,一时震惊天下,刮起一股"林来疯"。

少年人是极易被这种传奇故事打动的,所以一时刹不住车,将林书豪的访谈录也一并看完了。他是怀着忐忑的心情看的,不时去瞄瞄时钟,只见时针分针片刻不停,咔嚓咔嚓,将杨略的雄心一寸寸剪成了碎片。

等他关上影碟机,时间已经10点多了,内疚感已让他沮丧地对什么都失去兴趣了。

"唉,这回真得做题了。"

他回到房间,把电脑的电源线也拔了,iPad也锁进抽屉深处,而后正襟危坐,凝神静气地解题。进度尚可,但有几道难题,他绞尽脑汁也解不出来。

他靠在椅背上,时钟滴溜溜转到11点半,肚子也饿了,一个人在家,中饭得自己解决,12点半还要看NBA比赛。剩下的历史作业,只能下午来做了。

冰箱里有肉有菜,但他不想去烧,干脆打电话点了份外卖。草草吃过中饭,他被一种焦虑和无聊并存的情绪笼罩着。12点了,距离比赛还有半小时，总得干点什么吧。可他翻翻数学试题，几道难题赫然在目，久攻不克，他丧失了信心，也耗尽了兴趣。拿过《红高粱》，一行一行读下去，但每个字都活蹦乱跳的，捉不到心里去，看了很久，却一页都没往前翻。

与此同时，陶坷坷骑着一辆捷安特，穿行在小区安静的林荫道上。两边高大的法国梧桐遮天蔽日，阳光穿透树影，在地上留下点点光斑，随风轻轻摇动，如黄嫩的小鸡雏在地上啄食。

他在一幢三层小楼旁边停下。这是他的家，欧式建筑，有童话般的烟囱，玻璃落地窗闪着亮光，修剪整齐的黄杨像四道城墙，围成一个精致的花园。粉红色的蔷薇花开得正盛。紫藤架下，有一个秋千。他坐了上去，脚轻轻一蹬地，人就晃晃悠悠，长发飘飘摆摆，眉宇间满是忧郁。从兜里掏出一个苹果手机，打开微信的通讯录，一个个往下看，却找不到一个想要联系的号码，于是叹口气，将手机往兜里一塞，站起身来，敲响了门。

“坷坷，你回来了。”

妈妈迎了出来。毕竟是舞蹈演员出身，加上养尊处优，虽已 40 岁，但身姿依然轻盈，脸上也不见岁月痕迹。眼睛有种不谙世事的清澈。

“早上英语课累不累？”

“就那样，”陶坷坷淡淡一笑，把书包往沙发上一扔，一脸的不在乎，“午饭好了吗？饿死了。”

“好了，好了。你看这都 12 点了，当然做好了。”

妈妈几乎有些紧张，像是迎接着最高贵的宾客，半点不敢怠慢，于是牵着他的手，走到面朝花园的餐厅。桌上早摆满了饭菜，映着窗外的玫瑰花，真是流光溢彩。妈妈一边给他盛饭，一边絮絮叨叨。

“你看，这都放假了，也没法休息，真是折磨人啊。还有你爸，正策划一台选秀节目呢，整天忙着开会、排练，总也不着家。你都高三了，多关键啊，他都没时间管你……”

陶坷坷听着妈妈的抱怨，心里却在想其他事。

他自幼家境富裕，平日锦衣玉食，不免有些骄横，从不把学习放在心上。高二时，一番机缘巧合，经过杨略父亲启发，觉得不该蹉跎岁月，决心要从事商业，空闲时随父亲出入各种社交场合，前些天还去打过工，见识了底层生活，逐渐明确了方向，和父亲商议了，要出国留学，读工商管理。而要留学，就得考SAT、托福，于是报了个培训班。

上课时，他偶尔往四周看看，这些正襟危坐，有志于出国的少年们，全是本市各校的精英，都听得认真，紧跟老师的思绪，偶尔露出会心微笑，这让他倍感煎熬，因为他压根没听懂。

"我基础这么烂，哪里是说补就能补起来的……"

继而又想："费那事干吗？我看我老爹的那些朋友，也没留过洋，文化也不高，不照样吃香喝辣……"

这么一想，似乎找到了借口，懒劲儿就上来了，上午的培训班敷衍了事，但心里到底空落落的，四肢有气无力地挂在身上，连吃饭都觉淡然无味。

妈妈给他的碗里夹了一块鸡肉。

"坷坷，你爸说了，现在由妈来管你。"

陶坷坷偷眼看了妈妈一眼，嘴角流露出一点笑意。在陶坷坷心目中，妈妈哪有什么威信？她曾是舞蹈演员，后来做过一阵花瓶式的主持人，但肚子里面没多少墨水。加上二十几岁就结婚，从此做了全职太太，很少与外界接触，因而心智单纯幼稚。自从生了陶坷坷，便以他为世界中心，真是百般宠爱。小时候他做错事，妈妈就护犊子。这就让他变得自以为是，目无尊长。

当然，陶坷坷也仗义，遇事会为妈妈挺身而出。有一回，妈妈失手打碎爸爸收藏的龙泉窑青瓷玉壶春瓶。爸爸回来，心痛不已，就要发脾气。陶坷坷大包大揽，说是自己打球扭伤了腿，一瘸一拐，不小心把花瓶给碰了。爸爸一听，立即转移了注意力，关心起他的腿脚。陶坷坷奸计得逞，趁爸爸不注意，给妈妈抛了个眼色。妈妈暗暗翘起大拇哥，二人相视一笑。

正因如此，他们就成了一对同盟。现在妈妈端起家长的架子，别说坷坷觉得荒唐,妈妈自己也觉得别扭。

“坷坷,你喝点鸡汤。这是你爸爸托人从乡下带来的,地道的土鸡。对了,我和托福班的王老师通过电话,今天的作业不少,你下午可得做完。”

思维能从土鸡能跳跃到托福，看来妈妈这次是上了心了。可一想到在托福班里的失落,陶坷坷有种内外交迫的压力。

“妈,我刚上完一上午的课呢……”

“行,吃完饭睡一会儿,一点半叫你。”

“莫言写的都是什么玩意儿啊！”杨略看不进书,摸出了手机,给朋友们打电话。

“大头,在忙啥呢？”

余振说:“还能忙啥,在上补习班呗。咱可不像你,富贵闲人,高枕无忧。我现在是赶鸭子上架,没办法,谁让咱是差生呢。”

“猴哥呢？”

“就在我旁边呢。嘿,都睡着了,还流一摊口水。哎,猴哥,灵猴,凌霄！”所谓“猴哥”和“灵猴”,都是凌霄的外号。

“别叫了,就让他睡吧。唉,还打算约你们出来打球呢。”

“打球？打球是什么意思,从来没听说过啊。告诉你,哥们我的字典里,从此只有‘考试’,没有‘打球’！啊呀,对不起……”

与此同时响起的,是一记清脆的耳光,以及凌霄的尖叫声。估计是余振一时兴奋,为配合语气,大手一挥,做伟人刚毅状,不料一掌就削到凌霄脸上了。

电话里一阵打闹声。杨略摇摇头,挂了电话。“这俩家伙,到哪儿都是对活宝。得了,你们继续鸭子上架吧。”

他又拨通葛怡的号码。他和葛怡约定,不时要通通电话,写写短信,告诉彼此的进度,以此相互督促。现在他特别想听听她的声音,说不定能让他振作起来。

“喂。”是压低的声音。但在杨略听来,宛如清露滴落,心为之一醉。

“葛怡,你干吗呢? ”语气全然是甜腻的了。

“我在上课呢。”

“是上课,还是被上课? ”他知道,葛怡喜欢教育,时常会帮表姐去上小学生的课。

“是被上课啦。我爸给我找了个家教,好了,他来了,不说了,再见。”

杨略看着被挂断的手机,愣了半晌,最后叹息一声。

“唉,葛怡啊葛怡,连你也不能幸免。还口口声声和我说,假期不上补习班呢。哼,到头来还不是一样得开小灶。”

正想着,来了一条短信,是葛怡的。

“真对不起,我食言了。可我自己复习效率太低。说到底,还是自控力太差,在家里老是东摸摸,西碰碰,静不下心,还是找个人管管比较好。”

杨略早就原谅她了。他自己何尝不是难以自控。

“我也该上补习班了吗? ”

正想着,时间到了 12 点半,他打开了电视机,锁定在央视五台。比赛一开场就很精彩,纳什与加索尔有两个精彩的配合,连续得分。林书豪也不甘落后,连续几个妙传,比分赶了上来。杨略看得情绪激动,一个人在电视机前挥拳呐喊。看到妙处,正苦于无人分享呢,手机响了。

陶坷坷放下饭碗,也不去房间,却打开了客厅的电视机,与杨略不约而同地观看比赛。他在学校里也算是篮球巨星,看球赛就是他的必修课。和杨略一样,看到球星们的绝妙技艺,不由手舞足蹈。妈妈不懂篮球,他觉得无人理解他的激动,就拿起了手机。

“杨略,你在看球吗? ”

“在看啊。”

“你说加索尔这球传得,啧,太漂亮了。下回我们也这样配合一下……”

“没问题! ”

……

妈妈在旁边忧心忡忡。她不懂篮球，看一帮大老爷们在场上抢球，乱碰撞，出臭汗，她觉得没劲。她关心的是，这球赛什么时候结束，好让自己的宝贝儿子去睡觉，下午乖乖做作业。否则等他老爸回来，看儿子不用功，那张脸还不得阴沉下来，把火全撒在她身上！

“看你管教的儿子！整天在家，也不好好监督！”他肯定会这样说。

她能怎么办呢？只好唯唯诺诺。她也奇怪，以前她也是有脾气的，说一不二，可自从在家做全职太太以后，脾气一点点消退了。起先她以为是生活优裕，修身养性，脾气变好了。现在想想，恐怕是经济地位决定家庭地位吧。

她的事业没了，儿子也教育不好，还有什么可以支撑尊严呢？她的情绪低落下去。

“坷坷，别看电视了。你看，都快一点了。快去午睡吧，乖！”

“妈，快了，快了，你看，这都第四节了。”

妈妈一想，一节也就 10 分钟。得，再等等吧。

谁想这 NBA 的最后一节，打几秒就暂停一次，说是 10 分钟，打了快半小时还没结束。

“坷坷，别看了！你都高三了，火烧眉毛，还看什么电视！”

妈妈想到了老公拉长的脸，心里起了一股急火，一把拿过茶几上的遥控器，猛然一揿，把电视关了。

陶坷坷正看得入迷，忽见屏幕一片漆黑，就起身去抢遥控器。

“妈，快给我！”

“就不给。”妈妈起身躲到了沙发后面去。

坷坷牵挂着战局，哪里有心思去和妈妈游戏，就独自上楼去了。没有电视，他还有手机呢。他靠在床上，继续看网络直播。

比赛确实精彩，他看得荡气回肠，比赛完了，还意犹未尽，就趁着激动，写了篇微博，并且@给不少好友。微博这东西，好处不少，但坏处也有。其一，写微博者像刚生完蛋的母鸡，总想“咯咯哒，咯咯哒”昭告天下，然后不时回来看评论。其二，微博链接极多，宛如沼泽，水草繁茂，河汊纵横，一旦进入，就会深陷其中。陶坷坷就陷入了这两个迷局，不停刷微博，回复评论，时间过得极快，他渐渐有些困了，就昏昏睡去。

杨略看完了球赛，发现陶坷坷发了篇微博，立即回复、转发，也花费了不少时间，直到心里忽然掀起一阵厌烦。

"我这是在做什么？"

墙上的时钟显示，现在都两点半了，数学卷子还剩下不少题目，莫言的书更是一动未动。下午能把数学做完就算不错，莫言的小说，就放到晚上研读吧。于是计划必须要修改了。那晚上的英语，又放到什么时候去学呢？

"计划总是赶不上变化啊！"

他把数学练习册翻开，继续解一些三角函数的题目。但心绪难平，脑子里老是回荡着篮球场上的呐喊声，几个球员的失误他还是耿耿于怀。

"那时候，纳什选择传球就好了，非得自己上篮，结果被盖帽了……说到盖帽，上次全市比赛，我假装要跳起来扔三分球，余振也跳起来了，想要盖我的帽，却不知道我只是个假动作，等他落地了，我才跳起来，刷，一个三分球，哈哈……"

杨略的脑子里有如此多的想法，加上数学本非他的强项，哪里还看得进去，一时心浮气躁，将笔往边上一扔，身子往后一仰，双脚搁在书桌上。

想做事做不了事，想休息又不能安心。杨略有些无所适从。

"算了，还是明天做吧。反正假期还有几天呢。"

这样一想，他心里忽然一宽，又打开电脑，上了QQ。他们班有个群，大家正海阔天空地聊天。

曾泉说："兄弟们，假期大伙都干吗了？是不是都在做学霸啊。"

陈子轩说："我可没有，好不容易休息几天，我正打魔兽呢。"他与陈高照是老乡，两个村距离不过四五里，初中同班，高中同校，但两人却截然不同。陈高照家境贫寒，沉默刻苦，平常穿得朴素，总是一身校服。陈子轩却出手阔绰，性情活泼，喜欢新潮的衣服，还时常更换发型，上课时会照着镜子，用手指梳梳头发，学习不太上心，沉醉于电脑游戏，却画得一手好漫画。

单昀说："好你小子，也不怕欧阳老师看见……"

陈子轩立即发了个求饶的表情："班长大人，我错了……"

杨略也发了一条："我是明知作业很多，但一会儿看电视，一会儿刷微博，一下子就过了半天。"

曾泉说："就是，我刚才一直玩手机来着……"

陈子轩说："吃饱喝足，往床上一躺，拿出手机神游万仞，这样子很像一张老照片啊。"

曾泉说："什么照片？"

陈子轩说："旧社会的大烟鬼啊。"

陈子轩是好诙谐的，说完此话，就贴了张黑白老图片。当中一个瘦猴，斜靠在烟榻上，头戴瓜皮小帽，身穿灰色大褂，嘴里叼根大烟枪，眼神迷离，表情麻木不仁。

大伙都不由大笑，均说："极为神似！"

杨略看完，虽也笑了几声，但心里就怏怏的，像是身处炎夏的夜晚，房间如蒸锅，欲睡难睡，辗转反侧，肺里都是郁热的浊气，偏又有蚊子四处出没，让人穷于应付。看来，从同学这里，只能获得同病相怜，互相安慰，最后共同堕落。于是他给爸爸写了封邮件，谈及自己的心事，希望得到他的指导。

几个小时之后，手机短信里，提醒他有封新邮件，爸爸居然来信了。速度真快啊！

杨略兴奋地打开邮箱，一行行地看下去，越看越清醒，感觉就像一阵劲风袭来，顿时云涛翻滚，酝酿出一场暴雨来，将他的郁热之火冲灭了。

第四课　如何克服拖延与懒惰

亲爱的杨略：

见字如面。

今天我们谈拖延，这个困扰所有人的怪兽，人人喊打，却成效甚微。这个星期我一直在写这个讲稿，恰好又收到你的来信，发现我们都想到一块儿去了。那么，我就来解解你这个燃眉之急吧。

你知道的，我们的书出版之后，一直有中学生写信来咨询各种问题。我们先来看一封读者来信。

杨老师：

您好！

我最近遭遇了拖延的困扰。以前我一直觉得学习挺容易，从小到大，因为基础不错，加上脑子转得比别人快那么一点点，就算不怎么用功，我的成绩一直名列前茅。但是自打上高三以后，学习难度加大，我的成绩开始起伏不定，看着别人学得那么用心，自己想学但是每次的小计划都因为不能坚持而告终，也没法排除周围花花世界的诱惑，特别是网络，下课时我离不开手机，周五放学回家离不开电脑。都说不能再玩儿了，但是看到电脑，就忘记之前的决心了，经常一玩就是半天，将学习拖延到很晚。所以，我想问问您，我怎么才能不拖延，安排好自己的时间，达到自己的目标呢？能帮帮我么？

致礼！

凌阳雪

看到这封信，我脑海里浮现了一幅图。要学习了，明明任务压身，却并不马上开工，倒是东搞西搞，直到漏斗里的沙子快流光了，才开始恐慌，在一派强敌压境的紧张气氛中，火急火燎地做完事，但效果未必理想，而且那种完成任务的成就感也被紧张所冲淡。就像下面这幅图：

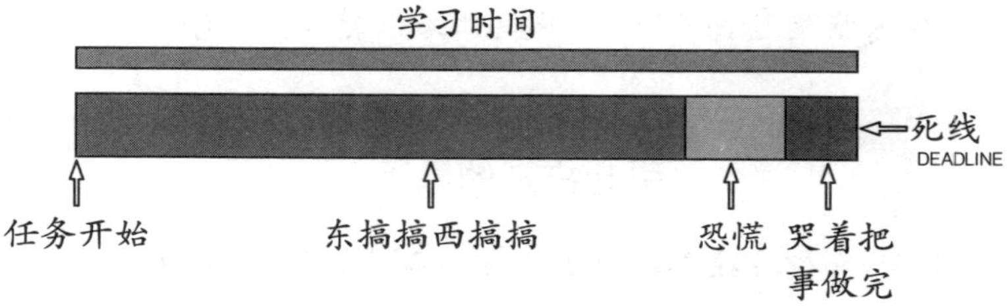

当然，这任务也可能一拖再拖，学习任务开始积压，最终多得完不成，让人望而生畏，无从下手。许多学生原先成绩不错，但后来每况愈下，究其原因，往往是因为一个知识点未能掌握，但拖延着不去解决，结果就成了一个肿瘤，阻碍了后面与之相关的知识点的掌握，最终导致成绩下降。

拖延的危害显然是不言而喻的。

但还有人为拖延辩解呢，他们说，学习太累了，工作太辛苦了，所以我们选择拖延，玩玩游戏，刷刷微博，或者干脆躺着看电视，心里不就有偷得浮生半日闲的快乐了吗？不幸的是，心理学家经过调研，发现拖延者往往心里不得安宁。

比如我们听一首歌，中途关掉，那么这首歌很有可能萦绕于脑中，挥之不去。但如果把这首歌放完了，那么大脑就将之清空。这种情况，心理学界称之为"蔡氏效应"。

拖延未完的事情，就像电脑里转入后台的程序，虽然桌面上看不见，但一直霸占着内存，吞噬着能量，让你玩电脑游戏也不顺畅，时不时卡住，于是难免觉得焦虑，烦躁。

这样的人谈不上什么快乐，而

知识点链接：

"蔡氏效应"（Zeigarnik Effect又称柴嘉妮效应），它指人们对尚未处理完的事情，比对已经处理完的事情更有印象。因为我们对尚未处理完的事情更有动机。例如一个餐厅服务员，让他去拖地，当他刚要去拖地时，就让他去擦玻璃，他擦玻璃，就让他去刷碗，他刷碗，就让他去拖地……总之不让他尽兴。不久这个人就精神衰退了。一个人如果长期累积这种没有表达的情感、没有完成的情绪、没有说出来的话，就很容易让一个人进入到精神分裂的状态。

且往往自我评价很低，觉得自己是个虚度光阴，不学无术之人。

那么，既然拖延过程不快乐，拖延结果很糟糕，那我们为什么还会拖延呢？

引起拖延的原因

说到拖延，我们往往会认为是品格问题，通过简单的激励、批评即可解决。但事情往往没有这么简单。拖延是个复杂的心理问题。我们要抽丝剥茧，细究其中原因，然后才能提出相应的解决方案。

其实，引起青少年拖延的原因，大体可以分为以下几类：

1.逆反心理。

2.完美主义。

3.不能立即成功就没动力。

4.误以为明天有时间。

5.单纯的懒惰。

接下来，我将对这五个原因一一进行分析，并提出解决方法。

如何处理逆反带来的拖延

现象：

有一回，我在江苏如东一所中学做完“青少年人生规划”的讲座，到了互动环节，一位颇为高大的女生站起来，用很高的嗓门说：“杨老师，我觉得您的讲座应该讲给我爸妈听。”

我一愣：“为什么呢？”

“因为我爸爸希望我做英语翻译。我才高二，他就开始给我安排上什么学校了。可我呢，一看英语就头痛。我最喜欢的是数学。您说我该怎么办呢？”

“那你是怎么办的呢？”

“我？”她想了一会儿，“我就是反抗啊。”

“怎么反抗？”

她不好意思了，说：“就是不好好读书，把英语作业一拖再拖，成绩越来越差。”

“也就是说，用拖延来获得你对自己的掌控感？”

“是啊。我就觉得，我的人生我做主，不应该受他们控制。”

“那你应该和你爸爸好好沟通一下，让他尊重你。”

“他根本就不会听的，老觉得我不懂事。”

这位豪爽的女孩，言语中有些幽怨。而她说的，显然都是实情。

这样改变：

青少年总愿自己做主，不愿听他人摆布。有些学生有一定的目标，但在父母看来非常幼稚，所以就越俎代庖，主动给他们安排了前程，他们对此总有抵触情绪。

所以，在人生规划的过程中，家长能起的作用，就是顺应孩子天性，发现其潜在优势，结合自己的社会经验，对孩子进行指导、商议，做到平等对话。

对于那个女孩，我是请她的老师出面与她爸爸去谈，最终得到了满意的结果。现在这位女生动力十足，不再拖延，成绩也有了进步。更重要的是，她有了积极进取的心态。正如我们以前说过，只有真正为自己的理想前进，才会有强大的自控力。

如何处理完美主义带来的拖延

现象：

学生李儒良从小聪明，学习轻松，成绩优良，饱受赞扬。他也欣欣然以天才自居，并不用心读书，但小学时成绩一直不错。到了初中，课业繁重，他就觉得吃力，但为了证明自己是天才，还是不愿花太多时间去学习，对于学习任务，他能拖就拖，装出一副满不在乎的样子。这自然影响了他的成绩。

你会问，他为什么这么傻，明知学习不容易，还不花更多时间呢。他其实是这样想的，万一不拖延，学得非常拼命，但最后成绩还是不能名列前茅，那证明什么？当然是证明他不聪明，从而打破了头顶的“天才”光环。这是他不愿意看到的。

于是他选择了拖延。这样就算成绩不好，他还可以说：“你看，我是不用功，所以成绩不好。如果我肯用功，哼，第一名还不是我的？”他以此来自我安慰，活在幻想之中。

显然，被说成“不用功”，显然要比“不聪明”要顺耳得多。因为在他看来，不用功是可以改变的，而不聪明却是不可变的。所以你看，天底下有那么多自诩为“脑子聪明却不愿用功”的学生。其实，真正脑子聪明的学生，会这么目光短浅，一味浪费光阴吗？

这样改变：

斯坦福大学心理学家卡罗·德威克在研究人怎样面对失败的时候，识别出两种不同的心态，一种是固定心态，一种是成长心态。

固定心态者认为才智与生俱来，固定不变。假如你是天才，那么做一切事情，都应该潇洒从容，面对百万雄兵，谈笑间樯橹灰飞烟灭。假如你要劳心劳力，甚至悬梁刺股才能成事，就说明不够聪明。最可怕的是，你费了九牛二虎之力，最终还是失败了，那说明你简直就是个废物。拥有这种心态的人，一遇困难往往会拖延，逃避，不愿让天才的幻梦破灭。

与此相反的是成长心态。这种心态的核心信念是：才智并非天定，努力即可成长。在成长心态者看来，努力可以激发潜能，让你更聪明，更熟练，最终成就自己。于是成功令人鼓舞，激发再接再厉之心。失败了当然令人沮丧，但它只说明你应当加倍努力，或改变方法，而非退缩、拖延，甚至放弃。

我们要拥有的，就是成长心态，要时刻告诉自己，世界上没有什么是完美的，而正因为不完美，我们才有上升空间，不要拖延，马上行动，无论成功或失败，都在为人生增添光彩。

如何消除“即时满足”造成的拖延

现象：

周六下午，张可颐回到家，把一个巨大的书包放在桌子上。“今天要把物理试卷做好。”这是她的任务。不过呢，刚回到家，口干舌燥的，喝点饮料吧。于是打开冰箱，呀，里面有妈妈榨的西瓜汁，真开心。于是倒了满满一杯，坐在沙发上。真舒服啊，要是一边喝西瓜汁，一边看电视，那就更完美了。于是打开电视，咦，《甄嬛传》，又重播了，太好了，这一集刚好没看过，于是专注地看。

谁想，刚看了10分钟，正紧要关头呢，这一集放完了，唉，这甄嬛到底怎么样了？心里牵挂着，难以割舍，于是打开电脑，点开下一集。谁都知道，编剧的秘诀，就是每集设置四五个冲突，结尾中留下悬念，于是张可颐中了圈套，一头扎进去，不断地往下看。西瓜汁早就喝完了，时针也滴溜溜转了好几圈了，她心里着急，但还是难以摆脱电视剧的魔力。

更何况，几个网页自动弹开，她所喜爱的几个明星又闹新闻了，自然要关注一下。她一篇篇看下去，时间就被耽误掉了。

这样改变：

先讲一个故事：一位青年画家遇到著名画家门采儿，他当即请教："尊敬的先生，我心中一直有个困惑，您能帮我解答吗？"

"什么问题？"

"我一天就能画一幅画，但卖出它却需要一年的时间。"

门采儿一笑："年轻人，你可以试着换一下，用一年时间画画，看能不能一天内卖掉。"

年轻人回去以后，把画画的速度减慢下来，耐心构思、揣摩，力求每一笔都能传神，一旦有败笔，就毁掉重画。

如此几年，他的画风突飞猛进。他将几年以来画的寥寥几幅画拿去展览，结果获得观众的交口称赞，并且有人愿意出高价来收购。

开始时，年轻人急于求成，结果作品不佳，其心理是想要得到即时满足。张可颐及时行乐，没有远虑，其内心想法是一致的。

正如19世纪苏格兰经济学家约翰·雷写的那样："未来所展现的利益前景，在这一刻看起来乏味而可疑，极易被忽视，而此刻日光照耀下的物品，光辉灿烂，触手可及，向我们展示出它们的勃勃生机。"当我们面临两种选择：第一是马上学习，以便高考取得好成绩；第二是眼前精彩的电视节目、电脑游戏。我们往往被后者所诱惑。

可是，我们一旦学会延迟满足，就会得到更大的回报。

斯坦福大学有一个著名的实验。一些四岁的孩子被关在一间屋子里，面前有一块棉花糖。试验员说："我将离开15分钟。如果到时候你们没有吃掉这块糖，那我会再给你们一块。"

尽管这很有诱惑力，但15分钟对于四岁小孩而言，还是太长了，而且周围没有人管，棉花糖就变得让人难以抗拒。很多孩子马上就把棉花糖吃掉了。也有些孩子努力克制，用唱歌、跳舞等方法转移注意力。终于，似乎过了几小时，那位试验员终于回来了。于是，他们拿到了第二块棉花糖。

在跟踪研究中发现，那些没有马上吃掉棉花糖的孩子在学校里表现更优异，和别人相处更融洽，也有更强的耐压能力。也就是说，拥有延迟满足自我欲望的能力，将帮助我们获得未来的成功。

所以如果你明知要学习，但还在看电视，就要告诉自己，要延迟满足。学习是个长期的过程，要想获得一些成绩，就得慢慢努力。况且，每一个小小的成功，就会带来快乐。要具备这样的习惯，才能成就大事。

如何消除"明日神人"的幻想

现象：

还是回到张可颐的故事中来。她看着网页，但心里越来越愧疚了。物理试卷似乎从书包里溢出来，越来越大，越来越宽，铺天盖地，充满着房间，向她压下来。

"唉，还是去做题吧。不过，现在都快吃晚饭了，要做也来不及了。不如……"

她眼前忽然一道灵光闪过。

"不如明天再做吧。反正明天是星期天呢。虽然明天还要做英语，但我一定会一大早就去好好做题。况且，星期六嘛，本来就该休息一下的。"

于是，物理试卷失去了法力，缩回到书包里。她心里顿时轻松下来。

可是，第二天，她因为头一天晚上看电视剧很累了，一直到9点，才昏昏沉沉醒来。一看挂钟，清晨做题的计划泡汤了，心里无比沮丧。唉，今天能把英语做完，就算不错的了。物理呢，还是拖到明天去吧。明天去学校，有老师管着，我肯定能完成。好，就这么定了。她又得到了宽慰，但明天真的有更多时间吗？不，星期一的一大早，老师又布置了新的作业。

张可颐傻眼了。

这样改变：

我们总是以为，明天的自己是个神人，其自控力远胜过今天，而且明天也肯定比今天更有空余时间，不仅能弥补今天没做的事，还能做得更多。

正因为这种乐观心理，所以在每年的1月1号，大家都习惯于设定新年计划，要每天跑步，每天背英语单词，如此等等，并且深信不疑，闭上眼睛，几乎看到一年后的自己，身材轻盈，英语地道，状态远胜过今天。但事实上，坚持不了几周，计划就逐渐瘦弱，然后凋谢。他们当然会找些理由：太忙了，没时间，以后再说。每到月末，年末，又会做新的计划。如此循环往复，却很少坚持，所以最终自己并无多少变化。那么，怎么走出这个怪圈呢？

那就是运用"时空一贯法"，不对未来抱有任何幻想。如果今天忙碌，明天也会一样忙碌。今天消极拖延，那明天也会同样消极拖延。如果心里秉承这种想法，即可破除"明日神人"的幻想，乖乖地做事，不再拖延。

懒惰者，如何给自己一个推动力

现象：

许多人有目标，任务也明确，也很想马上去做，但总会一拖再拖，心里焦急，却不采取行动。眼看事情越积越多，截止时间越来越近，心里也越来越慌，但总要到最后关头才去做。

习惯拖延的人总是希望让自己的生活变得更轻松，但拖延的结果却是使工作变得更加困难，问题变得更多。他们总希望自己能省出更多的闲暇时间，但拖延却只能让他们在更长的时间里承受巨大的时间压力。

面对这种情况，又该怎么办呢？

这样解决：

根据惯性定律，当物体处于静止状态时，只有在外力的作用下，它才会运动。惯性是一种非常强大的力量，它可以阻止人们朝着自己的目标和梦想前进。

通常来说，最大的挑战只是在第一步。我将之称为第一推动力。

所以，你需要的就是简单的两个字："开始！"你可以尝试一下这个办法：

第一步，把需要完成的作业拿出来，整齐地放在桌子上，将无关的东西都从办公桌上清理掉。

第二步，拿出闹钟，设定10分钟。

第三步，在这10分钟内，什么事也不要做，就呆呆坐着。等闹钟响起，立即开始工作。

如果你尝试了，你会发现，在那个什么事也不做的10分钟里，你会觉得很无聊，甚至坐立不安。这样一来，在听到闹钟响起的刹那，你会有解脱之感："我终于有事可做了。"

而你一旦开始，集中所有的精力，顶住所有的压力，继续前进的时候，惯性将为你所用，动力将不断累积，发展速度将越来越快。就像我们去健身房，刚开始可能精神不振，但上跑步机后，能量会逐渐展现出来，越跑就越觉精神。从健身房出来，我们肯定神采奕奕，一扫进健身房时的疲惫。

这种力量会在你身上持续发展，让你从温暖的被窝里起来，钻进冰冷的晨风中去跑步；让你从精彩的电视剧情中挣脱，在空白的文档上开始写作；它让你摆脱畏惧，开始解数学题。

因为惯性的第二个特性，就是当物体处于运动状态时，只有在外力作用下，它才会静止。一旦人们建立起强大的毅力，锲而不舍地向着目标前进，惯性就成了我们伟大的朋友，越来越不需要通过自控力来达到目的了。

趣味测试&魔鬼训练之克服拖延篇

1. 确立一个可操作的目标（可观察、具体而实在的），而不是那种模糊而抽象的目标。

不是：我要停止拖延！

而是：我要在本周五之前，把这篇论文写好。

2. 设定一个务实的目标。不要异想天开，要从小事做起。不要过于理想化，而要选择一个能接受的程度最低的目标。

不是：我绝不再拖延！

而是：我会每天花一个小时时间学习数学。

3.将你的目标分解成短小具体的迷你目标。每一个迷你目标都要比大目标容易达成，小目标可以累积成大目标。

不是：我打算要写那篇文章。

而是：我今晚将花10分钟构思，然后再用半小时来写作，明天我再用半小时修改一遍。

4. 现实地（而不是按照自己的愿望）对待时间。问自己：这个任务事实上将花去我多少时间？我真正能抽出多少时间投入其中？

不是：明天我有充足的时间去做这件事。

而是：我最好看一下我的日程表，看看我什么时候可以开始做。上次那件事花的时间超出了我的预期。

5.只管开始做！不要想一下子做完整件事情，每次只要迈出一小步。

记住：千里之行始于足下。

不是：我一坐下来就要把事情做完。

而是：我可以采取的第一个行动是什么？

6.利用接下来的15分钟。任何事情你都可以忍受15分钟。你只能通过一次又一次的15分钟才能做完一件事情。因此，你在15分钟时间内所做的事情是相当有意义的。

不是：我只有15分钟时间了，何必费力去做呢？

而是：在接下来的15分钟时间内，这件事的哪个部分我可以上手去做呢？

7.为困难和挫折做好心理准备。当你遭遇到第一个（或者第二、第三个）困难时，不要放弃。困难只不过是一个需要你去解决的问题，它不是你个人价值或能力的反映。

不是：周末找不到老师，所以我没办法做数学作业了。我想去看场电影。

而是：虽然老师不在，但是我可以复习一下相关的知识点，尝试着去解题。

8.保护你的时间。学会怎样说不，不要去做额外的或者不必要的事情。

为了从事重要的事务，你可以决定对“急迫”的事情置之不理。

不是：我必须对任何需要我的人有求必应。

而是：在学习的时候，我没必要接听电话。我会收看通话记录，然后在我做完事情后再回电。

9. 留意你的借口。不要习惯性地利用借口来拖延，而要将它看做是再做15分钟的一个信号。或者利用你的借口作为完成一个步骤之后的奖赏。

不是：我累了（抑郁/饿了/很忙/很烦，等等），我以后再做。

而是：我累了，所以我将只花15分钟写报告，接下来我会小睡片刻。

10. 奖赏你一路上的进步。将奖赏聚焦于你的努力，而不是结果。小心非此即彼的思维方式：你可以说杯子是半空的，也可以说它是半满的。

记住：即便是迈出一小步也是进步。

不是：除非我全部完成，否则我就会感觉哪里不对。

而是：我已经走出了几步，而且我做事非常努力，这感觉很好。现在我打算去看一部电影。

信先写到这里，希望你能克服拖延，善待青春，不辜负大好时光。

祝福你。

你的大朋友

倪甫清

10月6日

看这封信的时候，杨略觉得如芒在背。参照着信中罗列的拖延者类型，他发现自己的问题有如下几条：

1. 想立即得到满足。

2. 误以为明天有时间。

3. 单纯的懒惰。

很多时候，他就直接被单纯的懒惰给打败了。因为他有目标，也能自主安排学习任务，也知道明天也忙碌，可就是迟迟不愿动手做事，而是忙于一些无关紧要的事情，还不就是懒惰吗？况且，他也经常想一口吃个胖子,拿到一本参考书,恨不得立刻做完,而后成绩飞涨,如果不能,就会心里产生抵触,同时伴随深深的焦虑,产生自我怀疑。

既然拖延也是种惯性,那就给自己一个推动力。他拿定主意,掏出了一张试卷,定了定神,一题题做下去,果然,内心变得平静,就像在滑溜的冰面上,轻轻一推,不必费劲就能蹿出老远。

原来,克服拖延,其实很简单。

正在杨略大受启发的时候,陶坷坷刚醒转来,房间已有些昏暗,他忽然看见床前黑魆魆站着一人,背着光,面目模糊,披头散发,吓得他肝胆俱裂,双手撑着床,往床后面躲去。

那黑影一伸手臂,灯刷地亮了。原来是妈妈,正抱着手臂,站在床边,眼睛冷冷地看着他。

“妈,你吓死我了!”

“吓死也活该,说好一点半看书的。这都快5点了!”

“5点就5点呗。”

“我都答应你爸了,一定要监督你学习。”

“可监督也没你这样的呀。”

“那还不去看书。”

“我,我肚子饿了,先吃饭好不好?”

“不行,不做完作业,没饭吃!”

这架势,陶坷坷以前可没见过。以往他稍作抗议,妈妈总会妥协,最终长了儿子志气,灭了母亲威风。现在怎么了?陶坷坷看着妈妈,觉得她是兔子急了也咬人,狗急了也跳墙。或许,真是自己太过分了吧。

他翻身起床,从书架上拿下俞敏洪的单词“红宝书”。

“好吧,那我先背一下单词。”

“这还差不多。”

20分钟后,陶坷坷完成任务,把书一合。妈妈立即说:“走吧,儿子,晚饭早就准备了。”

餐桌上，妈妈又是百般体贴，给他剔去鳕鱼的骨刺，给他剥基围虾，放到他碗里。嘴里也不闲着，说这个蛋白含量高，这个富含锌硒，最适合补脑……

陶坷坷终于不耐烦了。

“妈，我都18了。”

妈妈似乎就在等这句。

“你还知道自己18了？我看你啊，也就七八岁。”

妈妈向来是很少说教的，而且她也乐意与儿子做朋友。下午时她经过了反思，决定要与儿子沟通一下。和风细雨，润物无声，她想要的就是这种效果。

“坷坷，以前是妈妈不对，整天无所事事，打打麻将，看看电视，实在不是好榜样，也难怪你不学习。可现在好了，我不看电视，也不去打麻将，就陪着你学习，好吗？”

“好是好，可你俩眼珠子瞪那么大，探照灯似的，整天盯着我，我可受不了。”

“那，你说让我怎么办？”

“我哪知道啊！”

陶坷坷把饭划拉完了，起身去了楼上。剩下妈妈一个人愣愣地坐着。正是初秋，6点多了，太阳渐渐西沉，柠檬色的阳光涂抹在墙面和树干上。她心里酸酸的，有种一事无成的失落。

忽然，她想到了20年前，她在五彩的舞台上旋转，旋转，洁白的裙子，像水莲花一般绽放，她是整个剧场，不，整个世界的中心。她在聚光灯中陶然自醉，身体轻盈地盛开。

那是最光辉的岁月啊。

第五章

当我们作了承诺，行为上就有保持一致的愿望和压力。这就是承诺一致原理。我们运用这一原理，就可以用较少的自控力做到自我掌控。想象一下，当我们作出承诺，顿时感到内部的动力，外部的推力，同时驱动我们前进，从而节省了自控力，并达到满意的成果，那真是我们愿意看到的学习佳境啊。

从9月底开始，教学楼前的大屏幕上时常打出一行字，写着"欢迎某某博士来校演讲"之类。这是学校的一个大举措，邀请名校在读博士生，还有各行业的精英现身说法，谈谈自己的专业和行当。

在第一次讲座前，宋校长在音乐厅的主席台上正襟危坐，侃侃而谈，提升着讲座的意义。

"我们想通过这系列讲座，让同学们了解大学专业，了解热门职业，从而理性地、自主地、科学地选择适合自己的发展之路。"

有不少高三学生被强制前来，不免身在曹营心在汉，纷纷嘟哝道："都什么时候了，哪有工夫听他们瞎扯淡。"

这些人手里往往还拿本英语单词，一坐下来，就瞄上几眼，然后眼睛定定地看着前方，貌似专心听讲座，实际却在反刍几个单词。

校长自然是明白这些学生的想法的。

"我知道大家很忙，觉得来参加这个活动是浪费时间。但是大家请记住这句话，磨刀不误砍柴工。还记得9月份那次惊天地泣鬼神的红旗下讲话吗？"

此话一出，音乐厅顿时沸腾了。杨略的脑门也嗡了一下，承受着无数人的目光。

校长抬起双手，往下压了一压，同学们渐渐安静了。

"其实我非常赞同那些同学的发言。我们到底为什么在拼搏？为了读大学？当然没错。找好工作，也对。可是，大家想过吗？你要读什么专业，找什么工作？如果我们找不到真心想要读的专业，真心想要从事的工作，我们是否还能拥有发自内心的强大动力？就像你父母给你安排了一门婚事，两个人没有如胶似漆的爱情，你会不会觉得，人生欠缺了什么？"

校长一用爱情作对比，会场里的同学们哄堂大笑，都起了共鸣，但脑海里却波涛汹涌：我们会接受父母包办的婚姻吗？笑话！杨略笔直地坐在那里，觉得校长的话多么动听啊，一句句都说到心坎里去了。

“当然，这个对比也有问题。爱情与工作毕竟是有区别的。这个区别就是，男生女生朝夕相处，知根知底，你尽可选择自己喜欢的类型。但是你们知道大学专业吗？了解职业要求吗？我在国外留学时，发现那里的孩子从小学就有职业课，让孩子们接触各行各业，慢慢确定方向。可我们这儿呢，十几年的中小学生涯，只有读书，只有成绩，然后到了高考结束，在短短半个月时间内，突然让大家去选专业，选未来的职业，这是多么荒诞的事情！”

校长的话语通篇大白话，没有术语，没有居高临下的指示，让同学们也不由开始思考专业和职业了。

“所以，我们请了这么多行业的精英，就是弥补这个教育的缺失，让大家了解大学专业，了解社会上的职业，逐渐找到自己的最爱，从而焕发强大的学习动力，从茫然地为高考读书，变成为自己的事业而读书，为自己的理想而拼搏！”

杨略听到这里，心里说不出的快活。因为他当初的冒险行为，居然得到校长的响应，并且变成实际的措施，这是多么让人欣慰啊。谁说人微言轻？谁说书生百无一用？谁说个人无法改变世界？他的一次演讲，直接让在座的这么多同学，以及将来入学的同学受益，这就是知识和勇气的力量！他还想得更远，如果他们学校的措施有实效，被媒体报道，被家长认可，于是其他学校纷纷来取经，一传十，十传百，如同涟漪层层远播，最终可能改变中国教育。杨略坐在那里，被自己的想象所鼓舞，身子就像在浮云中一般，将手掌都拍红了。

这次主讲人有两人，一个是医学博士，谈学习临床医学的趣事；另一人是保险公司的HR（人力资源主管），谈管理学的意义以及他们对人才的需求。从同学的反应来看，效果相当不错。只是杨略正沉醉于激动的热流中，竟无暇聆听主讲人说些什么了。他的思绪还在不断延伸，既然想通过思想改变社会，那么理应博览群书，什么政治学、经济学、社会学，都应有所涉及，而后烛照现实，做个时评者，写辛辣的杂文，对世界有所裨益。

他现在就想去读鲁迅，读李承鹏，而后一篇篇写文章。那样的日子，每一刻都是充实的，有意义的。

他感觉自己要飞起来了。

10月的江南，渐渐有了秋意。校园的桂树林子里，轻风一过，就落一阵桂雨，绿草坪上星星点点，宛如浮光跃金。杨略、葛怡、楚当当、陶坷坷席地而坐，身上落满了细小的桂花。

葛怡靠着楚当当，挽着她的胳膊。

“当当，你这就要走啊？”

“嗯，住的地方都定好了，就在美院附近。”

她口中的美院，当然是中国美术学院，它有多个校区，总部位于西湖边，吸纳湖山之灵气。当当要去的校区，却是象山校区，位于钱塘江边的转塘镇，每年艺术生考试就在那儿。周边充斥着画室、培训班，许多艺术考生背着画板慕名而来，杂居在附近的小区和农村之中，在培训班里进行考前突击训练，画素描，画色彩，夜以继日。到了12月份，就参加全国统考，来年2月份再参加美院的校考。等到硝烟散尽，就各自回到学校，用三个月时间准备文化课程，参加6月份的高考，年年如此。但中国美院的录取率是千中取一，自然有些人一考不中，于是再考一年，甚至三四年，将大好时光蹉跎在理想的门外。

杨略去过转塘，觉得那里临近钱塘江，也有之江度假区，算得上风景秀丽，但毕竟是城乡结合部，有些鱼龙混杂。

“你就一个人住那儿啊？有没有熟人？”

“到那儿不就熟了？”

楚当当一笑，露出白齿，略显灰暗的脸色，顿时灿烂明洁。

葛怡搂着楚当当：“我们当当到哪儿混不开啊？”

杨略知道楚当当生性潇洒，不是忸怩胆怯之辈。就在刚过去的高二暑假里，有一天，他看到楚当当的QQ签名：“我要去云游。”

她没说旅行，也没说旅游，而是云游。杨略觉得这个词很新奇。于是询问:“云游?”

“是啊,随便走走。”

接下来的日子里,她的微博上不断更新着照片和画作,总主题为“搜尽奇峰打草稿”。在行踪看,她是背着行囊,拿着速写本,天目山、富春江、千岛湖、楠溪江,一路南行,直至雁荡山,再徐徐北上,到括苍山、天姥山,不出一个月,竟将浙江的山水走遍了。

这时,杨略才深深体会到“云游”二字之精确,那真是如行云一般逍遥自得的款步啊,心中称羡不已,甚至为拥有楚当当这样的逸友而感动不已,便在她的微博下作了评点,用了徐志摩的《云游》:

那天你翩翩的在空际云游,
自在,轻盈,你本不想停留
在天的那方,或地的那角,
你的愉快是无拦阻的逍遥……

他很感慨,楚当当真有说走就走的飒爽,甚至,和自己对剑客的向往很一致呢。

当然,他也会有疑惑,那就是这云游的经费,她又是从哪里得来的?

因为他知道,楚当当家境并不宽裕,而艺术生是最烧钱的,不说参加培训班,单是买绘画材料,每个月都是不小的开支。况且,他父母本来就反对她学画,曾经一度闹僵,虽然经过欧阳老师的调解,但也只是同意她去学设计,内心深处还是不太乐意,所以不可能资助她去“云游”。

这个问题在杨略心头盘旋了好久,今天趁着机会,将自己的疑惑说了出来。

楚当当说:“暑假的旅游,我基本没花钱啊!”

一旁的陶坷坷眼睛瞪得老大。

“没花钱?我暑假里被杨略爸爸安排去温州,说是去打工,贴海报,做做宣传,被太阳晒得焦头烂额,才挣了千把块钱,自己倒花了近三四千。当当，你这可是游山玩水，怎么会没花钱？该不会是傍大款了吧？”

楚当当脸上红了一下，把手里捡的桂花扔过去。

“我可不像你，大少爷一个，才走那么点路，就腰酸背疼，非得洗个脚按个背，时不时还吃顿海鲜补补。我那是穷游，住的是青年旅社大通铺，门票贵的地方不去，实在没办法，就用学生证打个折，上山下山全凭双腿。快没钱了，就在景区门口给人家画肖像画。”

陶坷坷露出赞许的表情。

“这真是学以致用啊。”

楚当当说到画画，就兴奋起来。

“其实画肖像画挺简单的，只要五官差不离就行。有时候心情不错，就给人家添几笔水彩背景，什么古庙塔影啦、绿树清溪啦、山峰雾岚啦。他们一看就高兴坏了，说是很有意境，要拿回去装裱起来。”

杨略看着楚当当，想象她这么清秀的少女，坐在风景之中，静静地作画，真是极美的风景，不由赞叹道：“以后你完全可以背个画板周游列国。”

楚当当看着他，微微一笑，神情却并不太愉快。

“哪有那么潇洒？我爸妈让我去学设计呢，我也答应了。以后还不得和电脑软件打交道，想想都有点发怵。说到底，生活也不能全考虑自己。况且，以前是信誓旦旦，一定要上美院，事到临头，心里却不太有自信了。唉，万一考不上，那该怎么办呢？”

“你就别想太多了，”葛怡劝解她说，“现在凭你的绘画功底，考美院完全没问题啊！”

但楚当当叹了口气说：“你不知道，我从小就没去上绘画班，完全都是自学。高中开始，凭着兴趣，一上手就画油画，其实素描、色彩的功底都很一般。况且，人家为了应对考试，都经过专门训练，头脑里记下不少画作，考试时刷刷刷默写上去就好了。我以前反感这种应试教育，觉得那种作品千篇一律，缺少个性。可现在一想，要是不这样做，缺少规矩套路，全凭自己的感觉，又怎么能让考官满意呢？你要知道，这种考试是很主观的……”

“你现在不是去培训了吗？”

“有些人从暑假就开始了。而我呢，满打满算，也就三个月时间了，也不知道来不来得及。”

陶坷坷说：“既然这样，怎么不早点去呢？”

“我……”楚当当还没有说出口的是，为了筹集这笔钱，她费尽心思。从父母那里拿了一些，找阿姨借了一点，但还是不够。之前的日子，她就一直在临摹一些画作，比如莫奈的《池塘》、凡·高的《向日葵》，在网上兜售，挣了些钱。就在前两天，她清点了存款，发现房租、培训费、生活费都有了着落，这才准备出发。

这是她的无奈之处，也是羞于言说之处。

杨略看出她有些为难，就拍着陶坷坷的肩膀。

“不是说了吗，当当以前是反感应试教育，现在才知道，那是必经之路。对吧，当当？我觉得你也不用担心。只要你楚大小姐愿意，还有什么玩不转的？”

葛怡说：“就是，当当，我们看好你！”

当当把聚在手掌里的桂花往前一撒，站起身来，拍了拍裤子，说：“也只能这样了。走，回去上课！”

陶坷坷好一阵没说话，脑海里面却暗流翻腾。他想到自己在托福和SAT培训班里受到的打击。别人听英语时心领神会，他却十分吃力。可自尊心偏又很强，看到别人笑，他也附和着笑，以此掩饰自己的无知。但自信是完全丢失了，最近几天，一看到英语，他的脑子就自动关机，额头上沁出细密的汗珠。

他在想：“既然英语必须学好，那也只能硬着头皮去学了。凭什么人家都行，而我却不行？说到底，还是自己不愿意去做吧。总想着某一天，因为机缘巧合，我的外语突飞猛进。其实，哪会有那一天呢？我拥有的只有此刻罢了。”

他的心中，一股热流冲破淤塞，升起庄严澎湃的气息。

杨略晚上回到家，又收到了爸爸的来信。不过这次谈的主题好古怪啊。

第五课　承诺一致与目标分解

杨略：

见字如面。

之前几次课，我们谈了如何“开源”，后面几次课，我们将谈如何“节流”。今天我们的主题有承诺一致原理、吸引力法则，还有目标分解法，这些方法都能替我们节省自控力。

做目标分解的高效能人士

略略，你数学不太好，想要在一个月内好好补习，以便提高成绩，让同学们刮目相看。于是，你定下目标：要提高数学成绩。可接下来几天，你却有些丧气，不知道该怎么着手。于是一个月过去，还是停滞不前。

为什么会这样？因为目标太宽泛，太模糊，难以实现，最后计划搁浅。这个目标是无效的。

这个时候，我们要运用如下几个原则：

（一）具体化

越清晰、越具体的目标就越好。你也许从来没有见过这么一个世界级的跳高运动员，会随随便便地说：“明年我要跳得更高一些。”事实上，在他内心里面的目标，是一个实实在在的、确定的高度。同样，你制定自己的数学学习目标时，如果笼统地说：“我要提高自己的数学成绩。”那么，这个目标几乎没意义。比较具体、可衡量的目标可以按着这样的形式说：“在一个月内，我要提高数学成绩10分。”

（二）可行性

目标之所以为目标，正是因为我们当前还不能达到它，所以，它是作为一种可能性而存在的。但是，一个人的目标还得切实可行才好。要把切实可行性和富有挑战性相互兼顾起来，只有这样，才能有张有弛，伸展自如。一项目标，如果它的实现可能性等于零，那不管是谁，都会觉得没劲；而如果反过来，它的实现可能性是100%，那它就不再是目标了，它纯粹是一种施舍。本来目标能够激励自己的就是这么一种努力：比以前更勤奋一些，时间、精力等投入得更多一些。

（三）与人生目标有关

在学习中，如果短期目标与人生目标无关，那我们往往会缺乏动力。我们都有一个错觉："随便做一个决定，然后就能100%地实施。"其实，要想让誓言得到坚持，目标得以实现，必须要寻找到足够的理由。换句话说，赋予短期目标以价值，让它成为构建人生目标的一砖一石，才能充分激发我们的自控力。

（四）可追踪

一只时钟老了，主人买了只新钟。

老钟对新钟说："你一年要摆31536000下。"

新钟吓了一跳："哇，这么多，这怎么可能？！"

老钟笑着说："不用怕，你只要每秒钟摆一下就可以了。"

新钟高兴了，想着：一秒钟摆一下，好像并不难啊。于是尝试着摆了一下，很轻松。

不知不觉，一年过去了，新钟果然摆了31536000下。

所以，我们要在大目标之下建立一些循序渐进的小目标，这就像在你前进的道路上放上一个个的里程碑。这样，对照着自己的总目标，你就可以每隔一段时间检查一下自己的进步——比如每隔一天、每隔一周或者每隔一个月检查一次，及时给自己反馈，如果完成则奖励，如果未完成则反思。

比如你的好朋友陶坷坷，他的人生目标是做商界精英，那么他应该提前做好人生规划。最重要的事情，是要把人生目标细分为短期目标，而且要具体，不能抽象。

（五）先做大框架

高中时，一定要努力学习，同时可以多涉猎经济学、管理学的知识，高考时报考大学的相关专业，或者选择出国留学。

在大学期间，积极参加学生会，积累人脉；同时参加创业大赛、营销大赛，暑假去公司实习。

毕业后争取到大公司工作，得到工作经验，积累人脉资源，若有机会，可以自己创业。

框架的每个时期，再做具体规划。比如你学数学，先制定目标，要在高考中得到120分。再把高三一年分为几个阶段，每一阶段制定分数要求。

第一次模考：105分。第二次模考：110分。第三次模考：115分。第四次模考：120分……像一级一级的台阶，逐步提升，每达到一个小目标，心里就得到鼓励，为达成下一个小目标积蓄了动力，最终在高考中获得好成绩，为以后的人生打开很好的局面。

具体的尝试，我们留到魔鬼训练中进行。

承诺一致，心灵的自我驱动力

罗伯特·西奥迪尼在其名作《影响力》一书中，对"承诺一致原理"有明确的解释。他认为："一旦我们做出了某种承诺或选择了某种立场，就会面对来自自己和外部的压力迫使我们的言行与其承诺保持一致"。也就是说，我们都有"言必行，行必果"的自我要求。

如果你觉得这个概念很陌生，那我们先从一些身边常见的事情说起。

不知道你注意过没有，一些大型公司（比如宝洁、联想等）经常举办一些征文比赛，题目很简单，以"为什么我喜欢……（公司名或品牌名）"、"……在我身边"为题，写一篇小文章，字数不限，四五十字亦可，千字长文也行。或者是有奖竞答，在报纸上占一个版面，上方是广告，下面是一份小试卷，里面有填空选择题，而答案呢，就在广告当中，只要稍加阅读，谁都可以答对。

这么幼稚的比赛有人会参加吗？当然有，因为奖金和奖品着实让人动心。比如有一年杭州广厦天都城举行征文比赛，一等奖获得者的奖品居然是80平方米的住宅一套，真可谓一字万金。

于是乎，为了赢得那些极具诱惑力的奖品，大家自愿参加征文比赛，为了赢得比赛，他们得挖空心思，对这种商品大肆吹捧。这是可想而知呢。

但你想过吗？这些公司为什么这样做？仅仅是为了听几句阿谀奉承之词，就不惜花费重金吗？

以重金赢得众人瞩目，当然是一方面原因，但这些公司显然看得更远。

当成千上万的参赛者绞尽脑汁找出商品的优点，并在文章中尽情赞扬之后，巧妙的事情发生了，他们不知不觉就相信了笔下的溢美之词，就算最后没获奖，但也成为该商品的忠实拥趸，一有机会就向别人推荐，成为义务的推销员。

他们为什么会有这样的变化呢？就是因为他们做了承诺，行为上就有保持一致的愿望和压力。

显然，我们运用这条原理，就可以用较少的自控力做到自我掌控。想象一下，当我们做出承诺，顿时感到内部的动力，外部的推力，同时驱动我们前进，从而节省了自控力，并达到满意的成果，那真是我们愿意看到的学习佳境啊。

那么，我们该怎么做呢？

把宣言公之于众

安利公司对员工的要求："在你开始执行之前，给你一点忠告：制定一个目标，并把它写下来。不管这个目标是什么，重要的是你要把它写下来，这样你就有了一个为之努力的方向。把东西写下来有一种神奇的力量，所以这样做事绝对必要的。当达到这个目标后，你要再定一个更高的目标而且还要把它写下来。这样你的进步一定更快。"

所以，你也不妨将个人宣言写下来，成为书面声明，放在显见的地方，比如书桌边，书签上，文具盒里，时时提醒着你。

西奥迪尼在《影响力》中写了一个瘾君子的戒烟故事，很有意思。

我吸烟很多，一直想戒烟，但从来没有做到过。不过这一次，我决心一定要做出点样子来。我是一个自尊心很强的人，非常在意别人对我的看法。所以我想，或许我可以利用我的自尊心来摆脱这个该死的习惯。于是我列出一张名单，将我希望能够尊重我的人的名字写在上面。然后我出去买了一些空白的卡片回来。我在每张卡片的背后写道："我向你保证我以后再也不抽烟了。"

一周之内，我给名单上的每个人都送了一张签了名的卡片，包括我爸爸、我住在东部的哥哥、我的老板、我的好朋友。只有一个人没有给，那就是我的女友。我很爱她，希望她尊重我，相信我。有几次我想送卡片给他，但我知道如果不能信守诺言，她就会觉得我不可靠。这种感觉会要我的命。但是有一天，我终于鼓起勇气，径直向她走去，把卡片给了她，而后一言不发地离开了。

这样斩钉截铁地把烟戒掉，是我做过的最困难的一件事。有几千次我想抽一根，但每当这个时候，我就想到我名单上的那些人，尤其是我的女友，她肯定会因为我不能履行诺言而鄙视我。这样一想，我就挺住了，再也没有抽过一口烟。

过了几个月，我再也不想碰香烟了。而且，我心中油然而生一种自豪感：烟都能戒掉，更何况其他事情呢。现在的我，更容易完成一些看似困难的事情了。

书面声明之所以能够有效地改变一个人，一个重要的原因就是它很容易公之于众。当一个人公开选择了一个立场之后，马上就产生一种维持这个立场的压力，因为他想在别人眼前显得前后一致。前后一致是一种令人向往的性格特征。不具备这种特征的人往往会大家认为是变化无常、优柔寡断、圆滑世故、三心二意、举棋不定的，反之则会被认为是通情达理、信心十足、值得信赖、健全稳妥的。这样一来，当然谁都不想被归入自相矛盾的行列。所以，为了保住面子，知道你的立场的人越多，你就越不愿意改变它。

所以，一个人私下决定通常都不够坚定，比如你想要取得英语的进步，但一看到动画片，网游，以及林林总总的诱惑，就坚持不下去了。所以，这时你要写下一个近期的英语学习目标，比如一周内背完多少单词，并把这个目标拿给尽可能多的同学、亲戚和朋友看。总之，你越是看重在他们心目中的印象，你的自控力就越强。

心想事成的秘密

先来看张德芬在《遇见心想事成的自己》中讲的一个故事：

炼金师问大家："谁想过，不要娶个丑八怪？"

这时候有七八个男同学举起手来，包括阿牛。

"好！"炼金师说："这个思想就会让你娶到丑八怪！"语毕，全班哈哈大笑，但也有很多人不懂，等老师解释。

"当你想你'不要'什么的时候，你的感觉其实是负面的，而且宇宙只接受到'丑八怪'这个讯息，"大家又在笑了，"所以，你的愿望就会被实现。"

几个刚刚举手的男同学都有点不好意思，阿牛更大胆地问："那怎么办？我常常这样想。"大家笑得更厉害了。

老师说："没关系，要知道，正面思想的能量胜过负面思想好几百倍，你赶紧修正过来就好了。"

阿牛点点头："那以后我就想，我想要娶美娇娘！"

在大家的笑声中，炼金师又说："这样你还是娶不到！"

阿牛更困惑了，急得用手直搔脑袋。

炼金师喝口茶，继续说："当你说你'想要'的时候，你的状态是缺乏的，你发散出来的振动频率就是匮乏、缺失，所以宇宙就会针对你的'状态'做出回应。"

"啊！"大家恍然大悟。可是阿牛还是没搞清楚："老师，那我们想啥？"

炼金师一笑，然后正色地说："你的思想应该是：我已经有个温柔美丽的老婆了。"语毕，全班哗然，七嘴八舌乱成一团。有人说："这不是自我欺骗吗？"有人说："怎么做得到呢？""要我去想象，都想不出来啊！"抱怨声四起。

炼金师看看满脸疑惑的学生，然后朗声说："记得，真正发出强烈振动频率、吸引宇宙回应的，不是你的思想，而是你的感觉。当你向宇宙宣布你的愿望时，你必须非常相信你会得到它，甚至已经得到了：我有温柔美丽的老婆。"

所谓"吸引力法则"，简单说就是同类相吸，同频共振，我们的思想、情感、语言、行动结合在一起后的能量形式将会吸引与其本质相同的人事物，也就是消极能量吸引消极能量，积极能量吸引积极能量。当你设定合理的目标，并不再怀疑，那么你的内心会充满力量，成功也会青睐于你。

但我对于这种玄虚的理论，总是不太信任，虽然他们搬出了量子力学当佐证。幸好，我在心理学实验中，找到了依据，那就是多巴胺起了激励作用，用美好的感觉催人奋进。其效果就是，当你想要某种东西时，整个宇宙会合力助你实现愿望。听听，多有诱惑力。

所以，在高考前，你要设想美好的未来。不要提前恐惧失败"如果考不上好大学这辈子就完了"，因为对高考失利的预测性恐惧，将失败扩大化，是不少考生倍感身心俱疲的重要因素。

在这方面，我非常有切身体会。我写过一些书，每本书字数都是20万左右，从最初的创意到最终完稿，一般要花费一两年，其中艰辛，只有亲历者才能体会。

我是怎样坚持下来的呢？我开始写一本书，创意过程总是非常愉悦的，但具体写作总会遇到许多障碍。有时是灵感枯竭，有时是孤独无聊，甚至觉得乏味，自我怀疑。在这种时候，我会安静地坐着，设想一下这本书完成后的状态：文字出彩，装帧精美，摆在书店里，读者时来翻阅，甚至要我签名。于是我倍感鼓舞，支撑自己度过最艰苦的写作历程。

开弓没有回头箭，一旦计划制定就不能悔改，否则会让内心感觉愧疚，觉得时光虚度，并削弱心灵的力量。既然如此，我们与其设想失败的结局，不如确定合理的目标，并经常设想成功的时刻，比如拿到优秀的成绩，拿到大学入学通知书，让自己时时充满动力，用极其正面的能量，激励我们做出实际行动，逐步让梦想真的变成现实。

或许你会说，这不是做白日梦吗？这绝非白日梦，而是通过正面的设想，让潜意识和规划意识共同起作用，逐渐将理想变成现实。高考只是人生的一道关口，以后的道路还很长，坎坷很多，都需要这样的力量去跨越。如果你能养成这样的习惯，那么一辈子都会受益。

所以你不妨试试这些办法，夯实基础，调整心态，收获满意的成绩，并点亮美好的未来。

趣味测试&魔鬼训练之大树分解法

树根1:写出你的目标。

我的目标是

树根2:这个目标要在多长时间内完成?

这个目标要在多少时间内完成

树干:写下实现目标的计划步骤。

序号	步骤简述	是否完成
1		
2		
3		
4		
最大的障碍		

树枝：在月目标计划表里写下打算如何完成计划步骤。

步骤序号	月份	计划内容	是否完成
最大的障碍			

树杈：将月目标计划表的内容细化到每一周。

	时间	计划内容	是否完成

	时间	计划内容	是否完成
最大的障碍			

罗马不是一日建成的，人生要想成就，也不可能一蹴而就。关键在于，我们要耐下性子，一步一个脚印，循序渐进。比如你想写一本书，在精心构思、撰写提纲、准备素材之后，你可以先把想法告诉我，还有葛怡、余振、凌霄等好朋友，然后规定时间，要一年内完成此书。在正式撰写阶段，你可将书分为 12 章节，每天写几百字，一个月完成一个章，一年之后，似乎也不费力，一本书就完成了。

这种做法，类似于按揭购房。现在一套房价格都在百万以上，工薪阶层一次性拿不出这么多钱，那就先向银行贷款，把房子拿下（相当于做出承诺），而后按照自己能力每个月支付一笔购房款，如此还上十年二十年，也觉得在承受范围之内。

你不妨试试这些办法。

祝福你。

你的大朋友

倪甫清

10 月 13 日

杨略看完，觉得承诺一致原理很是实用。拿他自己来说，要是答应葛怡去做什么，那豁出去也得完成，要不然影响自己在她心目中的光辉形象，那他可受不了。

杨略忽然想到了陶坷坷，他是不是也需要这个方法呢？于是他把爸爸的信贴在博客上，并给陶坷坷发了一条短信，让他也去看一看。

陶坷坷是不住校的，也不上晚自习，加上今天刚好没有托福课，就在家里看书，偶尔也上上网，看到杨略的短信，就去看他的博客，一看就有些痴迷。

陶妈妈走进房间，一看他玩电脑，不免要唠叨几句。

“坷坷，回来也不吃饭，尽上网！”

“妈，”陶坷坷把妈妈拉到近前，“来看看人家怎么教育小孩的。我有一同学，他爸爸今年去美国出差，没空管他学习。你猜他们是怎么办的？”

“怎么办？和我一样，爹没时间，就让娘管喽！”

“错！他妈妈是医生，整天在医院加班，也没时间管。”

“哟，那怎么办？用电话遥控监督？”

“人家压根就不监督！他爸爸的方法是给他写很长很长的信，和他安静地谈心。你看这封信，肯定是花了很多心思，专门研究了自控力的锻炼方法，我看了都挺受启发。”

陶妈妈坐在儿子旁边，拿过鼠标，一点点往下看。心里却像打翻了调料铺，五味杂陈。对于教育儿子，她以前是宠过了头，现在儿子大了，要高考了，她才想来管。可她的管法，也仅仅像一个监工，站在一旁，看儿子不听话，就一鞭子抽过去。当然，她的鞭子是唠叨，不停的唠叨，催促儿子吃饭看书睡觉。这样的角色，绝不是好家长，更谈不上什么教育者。

她的眼中渐渐渗出了泪水说：“坷坷，说实话，在你心目中，妈妈是个怎么样的人？”

陶坷坷觉得这问题有些奇怪，就转过脸看了一眼妈妈：“什么人？好人呗。世上只有妈妈好嘛。”

“别嬉皮笑脸的，说正经的！”

“正经的？”陶坷坷一时卡壳了。妈妈就是妈妈啊，从他记事开始，妈妈就是这样啊，所以习以为常，倒熟视无睹了。妈妈到底是怎样的？还真是不好评价。

“那么，坷坷，”妈妈今天出奇地有耐心，“你说说看，当你想到妈妈，脑子里最先浮现出哪些场景？”

陶坷坷的脑海里飞速旋转，杂乱的场景蜂拥而至，比较清晰的有那么几帧：妈妈坐在沙发上久久地看台湾偶像剧，用纸巾擦着眼泪；妈妈在梳妆台前，对着镜子细细描眉，又试穿新买的衣服；妈妈在麻将桌前，一边垒砌麻将牌，一边和牌友们闲扯些奇闻异事……

他将这些场景一一说了出来。妈妈认真地听着，头深深地埋了下去。陶坷坷不由担心起来，扶住妈妈的肩膀，问道：“妈妈，你怎么了？”

妈妈抬起头来，泪水淌满了脸庞。虽然保养得当，但毕竟 40 岁了，眼角嘴角明显有些皱纹。

“坷坷，你知道吗？我曾是全市最好的芭蕾舞演员。”

陶坷坷点点头。妈妈有一本影集，他在当中看到不少剧照，妈妈穿着芭蕾裙，身材纤长轻灵，踮脚，仰首，双手轻轻扬起，左腿往后伸出，抬高，像一只轻盈的天鹅，仿佛刚从德加的名画中飞出来。不过，那只是过去，久远得像一个最美好的梦境。

“我 20 岁就嫁给你爸爸，第二年就有了你，从此不再登台。当时很多媒体都觉得遗憾，甚至说我眼光短浅。可我认为，舞蹈是碗青春饭，趁着年轻找好归宿，然后急流勇退，就是我的最好选择。所以我坚定地退了下来，过起富足的日子。你爸爸忙，而且越来越忙。我也理解他，所以就自己打发时间。我能做什么呢？你刚出生那会儿，我围着你转。但慢慢的，你上小学了，上中学了，有了自己的朋友，自己的主意，就离我越来越远。我只好看电视，打麻将，偶尔逛逛商场。”

妈妈说到这里，更是触动心事，抽泣声中，竟然说不出话，肩膀一耸一耸。陶坷坷一时不知该怎么办，只是抚摸着她的背。过了许久，妈妈才继续说：“时间过得好快啊，18 年一闪而过。现在回头看看，发现当初自己确实目光短浅，我找到了终身饭票，却把梦想丢了，把尊严丢了，也把生活的乐趣给丢了。以前觉得 40 岁太老了，老得不可思议，绝对不会降临到自己身上。可现在呢，一不小心，自己就走到 40 岁的门槛上了。往后的 20 年呢，我也一眼看到底。我还是会像你说的那样，看看电视，打打麻将，买买衣服，只是越来越老，老到穿什么都像个老妖精。这么一想，心里特别没着没落，也特别没意思……”

“妈妈……”陶坷坷有些哽咽了。妈妈从不和他说这些掏心窝子的话，所以他一直以为妈妈过着富太太的日子，养尊处优，心里肯定富足安乐，没想到也有这般苦楚。

“有时候我回到以前跳舞的剧场，心里感慨万千，那是我最辉煌的时刻啊，但永远也回不去了，回不去了。”

“妈妈，那你现在还想跳舞吗？”

“想啊，可你看我这样……”妈妈捏了一把自己的腰，苦笑了，“以前这里一点肥肉也没有，唉……”记忆中的白天鹅，又在轻灵地旋转，跳跃，发射出白银般的光泽。

“妈妈，想跳就跳呗。你看你，这么消极，一点精神气儿都没有，还怎么督促我啊？”

妈妈脸上顿时通红。陶坷坷这话戳中了她的痛处，她也一直觉得，自己不是个好榜样，虚掷光阴，蹉跎岁月，怎么能培养出积极上进的孩子呢？

“坷坷，妈妈和你来个约定，怎么样？”

“什么约定？”

“我要用半年时间，把体重减到一百，并且重新出现在舞台上，跳一支《天鹅湖》。你呢，就用这半年时间，考出好成绩。你敢接受这个挑战吗？”

看着妈妈脸上焕发的神采，陶坷坷好胜之心顿起。

“好，一言为定！”

他们将宣言写在同一张纸上，并郑重地签名。

第六章

有球迷问篮球巨星科比·布莱恩特：“你是怎么练成篮球绝技的？”科比反问：“你见过凌晨4点的洛杉矶吗？”球迷摇头：“没有。”科比说：“我每天都能见到。”科比在训练方面非常玩命，每天凌晨4点钟便起床，5点开始训练。先花几个小时做力量训练，然后再投2000次篮，日复一日，雷打不动。

楚当当进驻美院附近的培训班，终于开始正规训练了。此前她虽说擅长画画，但到底有点闭门造车，类似土八路，现在才算走上正途。

为此她极为兴奋，她到达培训班的当天，安顿好住宿之后，就来到画室。画室里总共有三十来个学员，男女各占一半，颇有些穿着奇装异服之人。留长发打耳钉的男生不在少数，女生大都穿得花枝招展，涂眼影，戴假睫毛，并不像高中生。因为在楚当当所在的学校里，大家还普遍要求穿校服的。

指导老师个子不高，留一点山羊胡子，面容倒是白皙，眉眼都细长，鼻梁挺直，有种柔和清雅的气质，穿一件宽松的淡灰色麻质盘扣唐装，不走路时都有些飘逸。他做了自我介绍，说自己复姓端木，单名一个宇。

一个打耳钉的瘦高男生直接喊出来："哈，端木鱼！木鱼！"学艺术的学生都有一些率性，有话绝不藏着掖着。听到这里，大家都笑了。

端木宇不以为意，也是一笑，说："对，也不知道我老爸怎么给我取的名，我的朋友都管我叫木鱼，还有更过分的，说木鱼是谁端来的，当然是和尚，所以他们干脆叫我'和尚'。"

这下子笑声更响了。楚当当也觉得有趣。

这自称"和尚"的老师喜欢和学生打成一片的感觉，继续说："我今年28岁，年纪不大，胡子一把，美院油画专业研究生毕业。这辈子打定主意，就跟油画耗上了。至于我的作品，好了，王婆卖瓜，自卖自夸一下吧。"

身后的投影仪上，出现了一组油画作品。都是精美的仕女图，色彩或凝重或清新，不一而足。最让当当喜欢的，是其中一幅《吹笛》。画中女子盘着发髻，面容雅致，气质恬静，穿青花丝质旗袍，正横笛而奏，沉醉于乐曲之中。背景是青绿山水图，青峰林立，夕阳橙黄，取的是"曲终人不见，江上数峰青"的意境。真是画风细腻，古意悠远，余味无穷，与端木宇自己的装束颇为相符。

楚当当心中充满了期待。她知道眼前的年轻人看似文弱秀雅，却是画技出众。在报班之前，她了解过端木宇的事迹，听说他是美院高才生，在校期间，一组仕女图就获得了国家奖，并被收藏家购买。本来是“钱途”无量，但他却不甘于此，想开创一派新的画风，一时间其作品变得怪异，得不到承认，画作也卖不出去。为了生计考虑，他才放下身架，和朋友开了培训班。每年教上几个月，挣些生活费。其余时间，就专心于自己的艺术事业。

她静静地看着他，心里万分好奇。他的眼睛，是怎样观察世界，选择素材的？他那双颀长的手，又是怎样调配色彩，并一笔一笔在画布上勾勒出美妙的形体的呢？还有，那么瘦弱内敛的外表下，该藏着怎样一颗坚强的心，才不惜放弃眼前的荣华，而甘心寂寞，去孤独地探索艺术？这个神秘的男人，让楚当当暗自相信，跟着他，肯定能学到很多东西，不仅是画技，还有那种对艺术的执著之心。

这时，端木宇的目光与她对碰了一下，柔和，轻盈，如清风拂过，但在她心里，却无异于一阵电闪雷鸣。她慌乱地低下头，心里慌慌直跳。

接下来的几天，楚当当跟着端木宇画伏尔泰的头像素描。一连画了几幅，但每次去交作业，端木宇都是频频摇头。

“你这构图不行，眼睛画得也不对……怎么搞的？你以前有没有学过啊，完全不对劲嘛。”秀雅的双眼一挑，瞅了她一眼，流露出失望和诧异，让楚当当一时觉得无地自容。

“初中学过一阵子，其他时间，我基本上都自学的……”

“自学？还有三个月就考试，你什么底子都没有，打算拿什么去考？还自学，你当自己是凡·高啊？！”

楚当当委屈地淌下了眼泪，说：“我知道自己基础不好……”

“你这不是基础不好，是根本没基础！你瞧瞧他们，再看看你，简直天壤之别嘛！”

周边学员的画架上，头像中规中矩，明暗标准，就仿佛同一个模子里印出来的。只有楚当当笔下的头像，比例有些失调，颧骨和眉骨太高了些，让伏尔泰显得眼窝深陷，嘴角露出一丝讥嘲的微笑，像一只老谋深算的狐狸。

“你这是画漫画吗？”

“可我感觉伏尔泰就是这种气质……”楚当当说得很没有底气。她原先也是个我行我素的女孩，但在端木宇的面前，她觉得毫无自信，内心充满了卑微和哀伤。

“好了，别解释！拿实力来说话，继续画吧！”

晚上，楚当当躺在床上，默默地掉眼泪。这么多年的努力，她也算得上执著追求。父母不支持，她敢于反抗，不惜辍学，弄得满城风雨。现在好不容易方向明确，父母也认可了，或者说，妥协了，她却不争气，才开班第三天，就被老师骂得一无是处。

“我真的是那块料吗？”她把这话发在微信上，又配上一张自拍照，一张憔悴的脸，侧靠在枕头上，沉浸在忧伤和灰暗里。

夜深了，三个室友陆续回来。其中一个名叫陈澜，身材高大，曲线玲珑，随意扎一条马尾辫，五官清秀，虽然只穿一条牛仔裙，配一件白色T恤，素朴中却自然有种沛然大气，让人过目难忘。据说，她曾考过一次，但成绩不理想，落榜了，于是现在继续奋战。她性情豪爽，有大姐之风。培训班里盛传一个故事，有一女孩被男生欺负，她仗义执言，挺身而出，言语不和，竟大打出手。她凭借着舞蹈和跆拳道的功底，身姿轻捷，将那男生打得落花流水。

楚当当刚来时，因为性情相合，她们就处得挺不错。此刻，陈澜站在楚当当的床前，把鞋子一脱，轻轻一抬腿，就把脚搁在了上铺的床栏上，不费劲地把脸贴近小腿，做着舒展动作，嘴里说道：“当当，今天被和尚批了？”

“嗯。”

“没事，我们这些人，有谁没被他骂过？他就那样的脾气，心高气傲，好像除了他自己，天底下画画的都是一坨屎。你别放心里去！”

听陈澜这样说端木宇，虽然知道她是为自己出气，可心里却不太舒服。

“可他说得也没错，唉，还是我没水平啊。”

“嗨，多画画就好了。”

“澜姐，你说，我真的有画画的天赋吗？会不会只是一点小聪明，涂鸦一下还可以，但上不了台面？可绘画、写作、音乐，都是最需要天赋的，如果我没有，就是步入歧途，把文化课又耽误了，接下来该怎么办？”

“你别瞎想了。这画功不是想出来的，是画出来的。明天开始，你就和姐坐在一起，咱们有福同享有难同当。”

“谢谢澜姐。”

“没事！”陈澜潇洒地一拍当当的脑袋，“安心睡吧。”

手机嗡嗡地震动，她的微信上有了不少好友留言。

凌霄说：“当当，你最有才，别忘了网上的粉丝团。”凌霄曾帮助楚当当卖画，算得上是好哥们儿。

葛怡说：“当当，你可是我们当中最具艺术气质的，别怀疑自己，万事开头难啊。”

杨略说：“你可以反思中进步，但不能在自我怀疑中泄气啊。当当，将相宁有种乎？”

楚当当觉得很温暖，将手机抱在怀里，眼泪滑过脸颊，落在枕巾上。

“谢谢你们，我的朋友。”

再来说杨略，他虽然说了很励志的话，但内心里却并不那么踏实。其实，和当当一样，他也经常陷入类似的自我怀疑。

杨略曾和爸爸写过书，自恃有些才华，但后来写了不少诗歌小说，向文学杂志投稿，但都石沉大海。而有时在新华书店里，他看到许多装帧精致的小说，一看作者，居然是他的同龄人，且已声名鹊起，微博上拥有大量粉丝。他翻着这些书，心就一点一点沉下去，看着自己的文章，忽然自轻自贱起来。

“我是不是走错路了？”

一连几天他均是如此，葛怡看他兴致阑珊，不由关切起来。

“你怎么了？”

杨略是好强的，在心爱的女孩面前，总希望英英武武的。如今没了才华作骨架，不免有些自卑，更加不敢倾吐心事了。

“我没怎么呀。”

“想看看你最近写的文章。”

“最近……没写。”

“嗯？”

“没灵感。”

葛怡感觉到了他的冷淡，一时也不说话了，两个人之间有了无形的屏障。杨略暗暗自责，决心写点什么，找回自信。但灵感的小鸟，从来不会落在焦灼的心灵上。他越是消极等待，越是寝食难安，越是憋不出一个字来。

写作如此，数学更不用说了。葛怡有时问他：“你那本数学题做得怎么样了？”

“做不下去啊。”

“为什么？”

“不知道，一看到数学题就烦。”

“你啊，典型的兴趣主义。”

“唉，我就是觉得以后又用不上数学，何必学得这么吃力。”

“可你以前数学不是挺好的吗？”

“葛怡，你翻的是哪年的老黄历了？你知道，我从初中开始，数学可就一直没起色。说到底，我就是缺了点数学细胞啊。”

“那你都有什么细胞啊？”

“语文啊。我学语文根本就不费劲儿。”

“按你的意思，有天分，就根本不用花力气。要是花九牛二虎之力，就说明没天分？”

“对啊，这就叫悟性。”

说到悟性，他们的脑海中顿时浮现出沙元振的形象，不由都笑起来。英语课上，沙元振讲解试卷时，一些选择题需要语感，用语言难以解释。这时他就会提问，一般的程序是，先问曾泉，此人擅长文史，但英语不佳，自然回答不出。然后问单昀，他是班长，英语还算不错，但也往往哑火。没办法了，沙元振却是一脸从容，柔和地叫道：“葛怡！”

葛怡是最喜欢背英语美文的，总说英语有种奇妙的韵律，读着读着就让人陶醉，所以培养了极好的语感。因此对付试卷上的题目，往往是不假思索，一说便对。

沙元振满意了，眼睛眯起来，似乎聆听天籁之音，品咂再三，才说："这就是悟性！"

时间一久，大家都管葛怡叫"悟性"，是悟空、悟能、悟净的师妹。

不过，当杨略看到楚当当的微信，杨略又想，自己真的在写作上有天赋，或是悟性吗？如果有，那为什么最近总是找不到灵感呢？他给爸爸写了一封信，把这个问题抛给了他。

两天以后，他收到了回信。

第六课　天才不是原因，而是结果

亲爱的杨略：

见字如面。

来信中，你质疑自己是否有写作的天分。那你的潜台词是什么呢？如果没天分，是不是就该放弃？你相信"命中有时终须有，命中无时莫强求"？这多像宿命论的腔调啊，让我想到了以前的帝王神话。

刘邦夺得帝位后，称自己是赤龙之子，大腿上有七十二颗黑子对应七十二星宿，酒馆醉卧身上显龙形，藏身芒砀山时头顶常有云气，被秦始皇感应到了，说"东南有天子气"。种种装神弄鬼之事，让人相信了他出身不凡，这在当时非常有效，此后的君王也大都沿用此法。

而我们这个时代，"君权神授"当然成了笑话，但"智力天授"却戴着"基因学"的帽子，让大家深信不疑。

天才论意味着什么呢？

是不是意味着如果你是文学天才，那就无须努力，就能精通写作，仿佛江郎梦中借来生花妙笔，写下满纸锦绣文章？甚至你会认为，勤奋练习，恰恰证明了你天分不高。

所以社会上就出现了许多不写作的作家，不画画的画家，他们总处于一种“君子引而不发，跃如也”的状态，煞有介事地告诉别人，他们是“非不能也，乃不为也”。一旦灵感到来，他们将一挥而就，立成杰作。可惜，这样的时刻很少到来。所以他们往往蹉跎岁月，消耗才情，最终一无所成。

电影《心灵捕手》中有一个场景。

一位麻省理工学院的数学教授某天心血来潮，在公布栏写下一道数学界难题——傅里叶算式，希望他的学生能解开答案。可是几天过去，无人能解。结果一个年轻的清洁工威尔在下课打扫时，发现了这道数学题，并轻易地解开这个难题。而他根本没经过专业的数学训练。

威尔的天赋异禀，打动了一位哈佛女孩斯凯拉。于是在哈佛广场上，两人有了一段对话。

“你是怎么做到的？即便是最聪明的哈佛学生，也需要学很长时间。这太难了。”

“你弹钢琴吗？比如贝多芬，他看到钢琴，就看到了音乐。还有莫扎特，他看着钢琴，脑子里全是旋律。他们看到钢琴，就能演奏。我无法为你画画，也不会弹钢琴。”

“但是，你可以在一个小时内搞定有机化学实验。”

“碰到这方面的问题，我总是很在行。”

这样的影视作品很多，我们看着天才解决难题宛如行云流水，心里当然畅快，而且渐渐形成一种偏见，某人之所以成就大业，是因为他天赋异禀，无师自通，最好是不学而能，就像《海上钢琴师》里的男孩1900一样，从未摸过钢琴键盘，忽有一日，就演奏出优美的曲子来，让人大跌眼镜：“这不符合规则。”小男孩说：“去他的规则。”这话多痛快！

当我们看着那些光鲜夺目的名字，难免心生自卑：他们是天才，所以拥有迷人光环；而我不是，也注定不能有巨大成就，那么我何必努力？于是得到了借口，心里忽然轻松了。这是一种自我矮化法，自欺欺人，阻碍进步。

所以，接着威尔的话，我们真要追问一下：莫扎特和贝多芬，真的是依靠天才在演奏音乐吗？

世上真的有天才吗?

20世纪90年代,心理学家安德斯·埃里克森做过一个经典试验。他将柏林顶级音乐学院的学生分为三组。第一组是学生中明星人物,有成为世界级小提琴演奏家的潜力;第二组的学生只被大家认为比较优秀;第三组技法平平,难有大成。所有学生被问及一个问题:

"在你的一生中,从拿起小提琴开始,你练习过多少小时?"

学生们开始回顾过往的时间。他们差不多都是同时起步,从5岁开始学习小提琴。在最初的几年里,都是每周练习2~3个小时。但从8岁开始,差别开始显露出来。第一组的学生练习的时间开始多于其他学生。9岁时每周16小时,这样一步步增加练习时间,一直到20岁的时候,他们还在不断练习,每周时间超过30小时。实际上,到20岁时,他们已经练习了10000个小时。与他们相比,第二组的学生练习的时间为8000小时,第三组的学生练习时间只有4000小时。

埃里克森又对作曲家、篮球运动员、棋手,甚至惯偷进行试验,都发现他们练习了超过10000个小时。据此,他提出了"10000小时天才规则",也就是说,一定程度的紧张练习,对于那些能够承担重要使命的卓越者而言,是必不可少的。他们需要一遍遍研习专业技能。

10000个小时是什么概念?相当于每天练习3个小时,一周练习20个小时,总共练习10年。

你或许会说,天才肯定不用这么久吧。那么我们不妨来看看莫扎特的成长史。在所有的艺术家中,莫扎特无疑最具天才气质。

首先来看他的创作数量。为了让冰冷的数据更具说服力,我们可以拿另一位巨匠贝多芬来作个对比。

	莫扎特	贝多芬
歌剧	20部	1部
钢琴协奏曲	23部	5部
交响乐	41部	9部

此外，莫扎特留下来的手稿有23000页，如果一个人按每天抄录2页计算，将整整耗费近30年的时间。要知道，这些作品只是莫扎特短暂35年生命中的一部分，而贝多芬活到了57岁。莫扎特3岁就被称为即兴演奏大师，5岁时被称为杰出的作曲家。

看到这里，我想谁都会感叹，不是天才，何以为此？

这样的评价当然很动听，但莫扎特若是地下有知，却会大摇其头，因为他自己就曾与朋友说过："以为我的艺术得来全不费功夫的人是错误的。我确切地告诉你，亲爱的朋友，没有人会像我一样花这么多时间和思考来从事作曲；没有一位名家的作品我不是辛勤地研究了许多次。"

埃里克森对莫扎特的生平进行了认真的研究，发现了其中的秘密。

莫扎特出生在一个音乐家庭，父亲列奥波德致力于对孩子的音乐训练。在训练莫扎特姐姐娜奈尔的过程中，列奥波德掌握了科学的训练方法，并将之用在了莫扎特身上。莫扎特受到言传身教，早早地坐在钢琴前，一遍遍演奏乐曲。当他陶醉于音乐中时，列奥波德受到鼓励，付出了更多的心血，让他得到快速的进步。

平心而论，莫扎特早期的作品，要么是模仿而成，要么是在其他音乐家的帮助下完成的。直到21岁时，他才创作了被世人公认为杰作的作品。为此，他已努力了18年。甚至有音乐评论家认为，莫扎特是在20多年的作曲训练后，才创作出传世佳作。

原来，莫扎特也难以超越"10000小时天才规则"。只是，他起步早，有灵气，加上家庭的熏陶、父亲的指导、有效的训练，才使天赋破土而出，赢得举世瞩目。

由此，我们可以得出结论，天才不是成功的原因，而是努力的结果。只有在训练自己的过程中，才华才得以涌现，而没有实践，便无所谓才华，更不必说天才。

有球迷问篮球巨星科比·布莱恩特："你是怎么练成篮球绝技的？"

科比反问："你见过凌晨4点的洛杉矶吗？"

球迷摇头："没有。"

科比说："我每天都能见到。"

的确，科比在训练方面的玩命是有目共睹的，他基本上每天凌晨4点钟便起床，5点开始训练。先花几个小时做力量训练，然后再投2000次篮，日复一日，雷打不动。科比说："我觉得训练在某种程度上就像是自残。但不这样，球场上就不会有好的状态，所以我仍然享受于此。"

无独有偶，阿诺·施瓦辛格也说过类似的话。他以健身运动员出道，因主演《终结者》而声名鹊起，此后成功竞选加州州长。他一直以勤勉刻苦、坚忍不拔而著称。

一次，他在奥地利参加鸡尾酒会，一位时尚男子问："您是怎样练成这么迷人的二头肌啊？这样壮硕的肌肉，真让人羡慕。可以分享一下秘诀吗？"施瓦辛格说："你真的想知道？"

"当然。"

施瓦辛格凑近年轻人，说："那好，我告诉你我的秘密，但是千万不要告诉别人。只要每天双手撑地倒立，然后不停移动，连续练10年，你就可以拥有像我一样的二头肌了。"

原来，你看到的是他们人前的辉煌，而没有看到他们在人后的艰辛。所谓天才，通常不过是那些在发现自己特长，并且坚持不懈、没有放弃的人而已。

知识点链接：

科比·布莱恩特（1978~），美国职业篮球运动员，自1996年起效力于NBA洛杉矶湖人队，司职得分后卫，是NBA最好的得分手之一，突破、投篮、罚球、三分球他都驾轻就熟，几乎没有进攻盲区，曾创下单场比赛81分的个人纪录。除了疯狂的得分外，科比的组织能力也很出众，经常担任球队进攻的第一发起人。另外科比还是联盟中最好的防守人之一，贴身防守非常具有压迫性。

阿诺德·施瓦辛格在好莱坞是一名传奇人物，没有受过专门的表演训练，但却成功跻身好莱坞的主流影星之列。他那雄健魁梧的身躯、钢铁般坚硬的肌肉，被认定为是惊险动作片的不二人选。主要作品有《终结者》《第六日》等。2003年11月他开始担任美国加州州长，2011年1月卸任，任期达7年。

值得追求的东西，都不会是轻易能到手的

不过，肯定会有人提出反驳。我开车都10年了，也没有成为赛车手啊。或是，我写作10年了，也没有写出佳作来。我天天跑步，都坚持10年了，也没能跑进奥运会啊。

问题是，我们每天开车、跑步，都是惯常行为，并没有刻意去钻研技术。研究证明，单纯只靠花费时间，对一个人成为顶尖人才帮助不大。

出色的运动员、音乐家，他们在这10000个小时，或是10年的训练里，并非机械式的重复，而是刻意训练。

艾瑞克森给"刻意训练"下了个定义："刻意训练是一种特殊的训练，与平常无目的的训练有很大区别。它并不是在重复运用已经掌握的技能，而是不断地尝试着超越当前的水平。"

刻意训练是很难的，它让人很痛苦。但它有用。这样的训练越多，成就越大。大量的刻意训练，等于卓越。

刻意训练需要一种对现有能力永不满足的心态，需要经常自我批评，或接受别人批评，需要近乎病态的坚持、不断超越的激情，只有这样，才能日复一日不知疲倦地付出。

神经生理学家发现，通过反复的刻意训练，相应的神经元上会生成髓鞘，就像金属电线外面包了一层塑料圈一样，保证了电流高效快速地传送。要给一个庞大的神经回路包裹上髓鞘质，需要大量的时间和精力。所以我们唯有全力以赴，才能达到巅峰状态。

英国乔治国王为国事操劳，但成效不大。一天他访问一家小型陶器作坊，看到两只花瓶放在一起。他停下脚步，仔细端详，发现两个花瓶图案一模一样，材料也完全相同。但是其中一只花瓶光鲜亮丽，另一只却黯淡无光。

他很奇怪，便询问作坊老板："为什么要把这两只花瓶放在一起？它们差别这么大！"

老板回答说："原因很简单，一只经过烧制了，另一只还没有。"

经过烧制的陶器光彩夺目。人也一样，要经历磨难，才会成为璀璨的艺术品。同样，如果我们选择刻意训练，那么我们也就经历了一次浴火重生。

尽管这个过程并不总是愉快的，但任何值得追求的东西，都不是轻易能到手的。

付出心血，人生就有了意义

郭德纲是近年来相声界的怪才，一段相声就能让人笑得前仰后合。所以很多人以为他是喜剧天才。其实不然，在引起满场笑声之前，他经过了多年的刻苦训练，说学逗唱样样精通。为了编写相声段子，他和德云社的同行们戮力合作，精心研究，耐心得如同刺绣，把一个个笑料搜集起来，编织在一起，再经过反反复复地删除和修订，然后进行试演，从中剔除不足，最终制作出令人笑破肚皮的炸弹。

正是因为这个高强度的刻意训练，郭德纲才取得了巨大的成功。从这个案例中，我们可以发现刻意训练有几个特征：它是为了提高绩效而被设计出来，有明确的计划和目的；它会重复道单调乏味的程度；要及时看到反馈信息，并进行适当的调整。

而既然是刻意训练，就要有针对性地选择在那方面提升。为此，密歇根大学教授诺尔·迪克用三个同心圆阐述了这一观点。他将最里面的小圆称为"舒适区"，中间的圆为"学习区"，外面的圆是"恐慌区"。只有通过在学习区内训练，我们才能进步。

比如，我们想要一副好身材，就必须针对某些肌肉，进行刻意训练，一次次加重杠铃的重量。这个过程显然并不愉快，而且几天之内或几个月之内看不到明显效果，但是从长远看，我们将拥有坚实的肌肉，健康的身体。

在学习中同样也是如此，当我们想要写一手好文章，就不能草草应付，而是精心组织文字，用更简练的语言，用更生动的修辞，用更巧妙的结构，才能逐步提升文字能力。

经常有人问我如何提高写作能力，我会不厌其烦地告诉他们一个有效的写作方法，那就是富兰克林的默写法。他看到一篇好文章，便默读数遍，然后放在一边，自己再写一遍，两相对照，找出差距，加以修改。

谁都希望自己文思如潮，倚马千言。但这种境界，源于此前的千万次训练。

其他学科也都如此。

如果学习数学时，不去背现成的公式，而是自己推导一番，自然记忆更为深刻。因为后者是刻意训练。

如果做物理题时，可以针对一道题目，采用多种解法，那么效果胜过做十道同类的题目，因为这是刻意训练。

如果练习英语听力，不是听一篇文章做好五道选择题，而是下点狠劲，将这篇文章全部听写下来，从单词到语法全部做到精准，那么听写一篇文章，其效果胜过做20篇听力选择题。因为后者是刻意训练。

如果学习历史时，不是单纯地背书本，而是针对每一重大历史事件查阅相关资料，写作一篇论文，其效果十分惊人。因为这是刻意训练。

略略，你在初三暑假里，曾和我一起写过一本书，后来还非常畅销。这对于你而言是件好事，让你更有信心。但任何事情都有两面性。过早的成功，会让你自认为很有天分，甚至会守株待兔，等待灵感降临再去写作，这将会耽误你的一生。因为灵感不是写作的原因，而是写作的结果。

要想成为作家，甚至文学巨匠，方法只有一个，那就是每天笔耕不辍，专注于遣词造句，并且反复修改；阅读甚至背诵名作，博采众长；洞察人世百态，博学又不失赤子之心；同时耐住寂寞，积累10年，20年，才能有所成就。

你能做到吗？

这个过程很艰辛，但如果你真的热爱，就会乐在其中。《小王子》里有个精彩片段，小王子在自己的小星球上，精心侍弄一株玫瑰，以为它独一无二。来到地球后，才发现玫瑰俯拾皆是。但他还是觉得自己的玫瑰最为珍贵，因为他为它付出了时间。

为心爱之物付出了心血，人生就产生了意义。

正如我爱你，儿子，所以我写这封信时，觉得快乐，满足，如沐春风，仿佛农民抚摸着丰硕的稻穗，画家欣赏着笔下的佳作，小王子静静地守着自己的玫瑰。

祝福你。

你的大朋友

倪甫清

10月20日

杨略看完信，已经是深夜。小区里很安静，他却心绪难平，于是推开了窗子。农历正值月半，天空中一轮明月，在墨蓝色的天幕上静静地放射着柔和的光芒。

他披上外套，悄悄掩门出去，走在小区里。白天的尘杂都消失了，在月光之下，一个亭子，一丛草，几株樟树的剪影，甚至一枚小小的石子，都闪烁着幽微的银光，显得意味深长。他在池塘边坐下，听秋虫的鸣叫，又一次认真地思考以后的人生道路。

他早早知道了自己的学科优势，也想在文学方面继续发展。而且他的爸妈都非常支持。但即便这样，未来的道路依然充满悬念。无论世道如何变化，他对作家二字依然充满崇敬。他心目中的作家，必然是深入底层，深入人心，写出比自己生命更长久的作品。而他也知道，在这个浅阅读盛行的时代，他要写的深刻作品很可能无人愿意阅读。如果真是无人问津，他难以维持生计，那他又该如何抉择？但不管怎样，他肯定要坚持下去，就像爸爸说的那样，每天笔耕不辍，打磨文字，逐渐获得成长。

想到这里，他心里翻涌起一种苍茫而辽阔的感动。人生苦短，能做成的事情，也许并不太多，所以更应坚持。

他又想到了楚当当。他们有很多共同点，所以他也了解当当的想法。毫无疑问，她在绘画上很有才华，也迷信着天才论。其实，绘画技艺和写作是一样的，只有每天练习，不断超越，才能逐渐进步。

他把爸爸的信发在了博客上，又给楚当当发了个短信，让她关注此文。但他没想到，有另一个人，用另一种方式，已经帮助楚当当渡过了难关。

楚当当连续几天都笼罩在阴云之中，见了端木宇，就想一躲而过。实在躲不过，就缩在画架后面，一遍又一遍地画着。可不知怎的，每张画都有残缺，让她越看越气，时常是画了大半，就刷一声撕破，团掉，扔在一旁。往往是一天下来没一幅成品。

夜有些深了，学员们陆续回到宿舍。楚当当还在画架前鏖战，觉得鼻子总也画不好，眼睛也不够有神。她像一个初次拿起画笔的孩子，怎么也找不到感觉。

忽然有人递了一罐啤酒到她面前。她一扭头，是陈澜笑脸盈盈地站在跟前。她今天穿了一身黑色束腰运动装，长发束在脑后，应该是刚刚运动过，额头沁出细细的汗珠，脸蛋白皙中透出红润，像一朵玫瑰开得朝气蓬勃，神采飞扬，让楚当当有些自惭形秽。

陈澜大大咧咧地在叉腰站着，说："别一个人郁闷了，走，姐陪你喝酒去。一醉解千愁啊。"

楚当当把笔一扔，接过了啤酒，长长地出了口气："好，喝酒！"

"别在这里喝，姐带你去个好地方。"她背着个双肩包，一晃就哐啷啷响，可见是有备而来，买了不少啤酒。

"我们真要一醉方休吗？"

"那还有假？"

她们走出培训班所在的居民楼，往钱塘江边走，穿过一条黑乎乎的弄堂，来到了江堤上。已是深夜，车流的声音低下去。江对面的沿江路上一排路灯，寂寞地亮着，在江水中留下一条条光柱，都波动，扭曲，碎裂。风有点凉，迎面而来，吹着楚当当心头的浓云。一只黑色的大鸟拍着翅膀孤独地飞过。

陈澜说："你才来这几天啊，就郁闷成这样。我要是你啊，还不得跳江了。"

楚当当脸上一红，没有说话。

陈澜一扬脖子，咕噜咕噜就把半罐啤酒倒了进去，又用手掌将嘴边的啤酒沫擦去。

"每个艺术生都有一本血泪史啊。有的是文化课不好，走投无路，来学美术，想要剑走偏锋，曲线救国。还有些是真心喜欢，从小学画，把美院当成圣殿，非要挤进去不可。可是美院有那么好考的吗？你看，就这边上，住着成千上万个考生，眼巴巴地想进去，有几个能如愿呢？考了三四年的比比皆是，一个个考得失魂落魄，都快要神经了！"

“这样做值得吗？”

“值不值？谁知道呢？放弃了，就说明不值。坚持着，一切都值得。能连着考三四年，那说明是真心热爱这一行。”

“可热爱，就一定能成功吗？”

“成功是个屁，可不成功呢，连屁都不是。”陈澜不胜酒力，一罐下去，已有些醉意了，心头的酸楚，尽情地释放出来了。但她又从包里抽出一罐。两个人就坐在江堤上，拿着江上清风和各自的伤心事做下酒菜，不知不觉间，又喝下了几罐。

楚当当的舌头不灵活了，感觉身体周围有了一道屏障，夜晚的嘈杂声都阻隔在外面。她把上半身靠在陈澜的身上，说：“姐，你，你说我，是学画的料吗？”

“谁说你不是？和尚吗？他懂个屁！我就觉得你的画个性十足，不知为什么，里面有一股子精气神。哼，就怪那和尚有眼无珠。不过，也难说，和尚最知道考试是怎么回事了。考试不要个性，要的是标准答案。你以为那些人来参加培训班，是真想学画吗？不，他们要的应付考试的本领。把人像、色彩什么的，弄熟几幅画，考场里原原本本画出来，就能得高分。我去年也想画点个性，花了不少时间构思，可人家刷刷刷，三下五除二就画好了，就留我一个在考场里，灰头土脸的，最后还是没考好。”

楚当当摇着头说：“到哪儿都逃不开应试。我就觉得，这几天的画，还不如我以前的涂鸦呢。那时候还能表达点内心的真实想法。”

“谁说不是呢？”陈澜借着酒意，又说起自己的故事来。

她父母都是商人，满脑子是精明的算盘，也肯为她的教育花钱，让她读贵族学校，希望她广织人脉，以后学经济，或是管理，以便继承父业。

可她却偏不，初三时喜欢夏达的漫画，自此迷上绘画，从漫画到水彩，继而热爱油画，假期里时常在美术馆里流连，决意要考中国美院。高二时就来到转塘，开始了枯燥的训练。

因为家境宽裕，她娇生惯养，喜好新奇事物，难免会对日复一日的铅笔素描产生抵触情绪。她向来沉醉在时尚圈里，很懂得打扮，加上身材高挑，面容姣好，被同学撺掇着去参加模特大赛。她一时兴起，就报名参加，居然一举得了个最佳体态奖，大大出了回风头。许多广告商竞相而来，请她去做模特。她毕竟是少女心境，喜欢热闹，就拍了一些广告，平生第一次挣了钱，就呼朋唤友，泡酒吧，逛商场，挥霍无度。这样一来，自然心浮气躁，哪有心思坐冷板凳？结果当然是名落孙山。

同学劝慰她："你都明星了，搔首弄姿一下，就日进斗金，干吗这么苦逼地考美院？"

同学的"搔首弄姿"四个字，深深刺伤了她的自尊。

"你才搔首弄姿，你们全家都搔首弄姿！"

她脸皮发烫，却又不可否认，自己拍广告时，的确是按要求如此作态。可她将以此为生吗？人家瞧中的还不是她的青春姿容？等到容颜衰老了，还会有人来问津吗？到那时，她除了拂镜自怜，又能做什么？

考试之后，她在家里自我禁闭，推掉了所有邀约，等夏天过去，她已洗心革面，又背上了画架，来到转塘。这一回，她素面朝天，平常只穿最朴素的牛仔衣裙，脑后扎一条素净的马尾辫，一心一意地绘画。可是，练到头晕脑涨而没有进步的时候，她也会自我怀疑：我这是做什么？

此刻她借着酒意，对楚当当说："你说，我这是图什么呀？在女人最美丽的时刻，不在镜头前绽放，却在画架前苦熬着，像个尼姑一样伴着青灯古佛，图个什么呀？"

"我们就是有病！"

"没错！"陈澜大声说，"我们就是一些可怜的理想主义者，漂泊在理想的门槛之外，像一群孤魂野鬼，等着去投胎。哈哈哈——"

"你们还真是孤魂野鬼，这么晚了都不回去。"

身后传来一个声音，她们扭头看去，只见来人长衣飘摆，却是端木宇。他是指导老师，也兼着班主任，负责大家安全，巡查宿舍时，发现两人不在，打电话也没人接，这才四处寻找，听到陈澜的声音，就循声找来。

"怎么？喝酒也不叫我？"

陈澜见了他，不由分说，也塞给他一罐啤酒。端木宇找到了她们，发现安然无恙，也放了心，就接过啤酒。

“陈澜，我还以为你又偷逃出去，参加什么模特大赛了。”

“我人老珠黄，不去了。”

“那楚当当呢，怎么也来喝闷酒？”

“还不是因为你，摧残人家幼小心灵。”

“我怎么摧残了？”

“你说她完全没有基础啊。”

“哈，就这么点心理素质，还想考美院，搞美术？还是早点卷起铺盖回家吧。”

“你看你又来了，多打击人了。还不快点鼓励鼓励？”

“可我只会打击，不会鼓励啊。”

“那你说说你的血泪史，怎么从一个大才子沦落到怪胎，让我们也有点思想准备。”

听到这里，端木宇的脸不自觉地抽动了一下，像是吞着苦药，费了老大劲才咽下去，脸上恢复平静，又灌进一口啤酒，说：“我那点小故事，你们不都知道吗？”

“百听不厌啊，况且，当当小妹妹可没听过。”

“好，哥哥我就牺牲自己，给你们上上课！”他的双肘抵着栏杆，身体前倾，看着浩浩江水，眼睛里闪烁着对岸的灯光。

对于美术，端木宇有极好的家庭教育，父亲擅长水墨画，所以给他启蒙得很早。他早慧外加勤勉，小学里就崭露头角，后来顺利考进美院，画了一批仕女图，功力不逊色于其老师，获得全国大学生油画大奖，至此名声在外。他本可凭借这项技艺在画坛站稳脚跟。可是，他觉得技法陈旧，很难出新，于是特意换了画风，从写实走向写意，希望以浓烈的色彩、怪异的构图来直观地打动人心。

“可一种技法用久了，就很难改变，为此我很苦恼。那天刚好来了一个朋友，他是写诗的，擅长写轻灵飘逸的诗，但总觉得没力度，又很难改变。

所以，他的做法是，暂时不写，等以往的笔法忘记了，让天赋自由，重新找到新的笔法，等待灵感到来，再以全新的姿态去写。他还念了几句奥登的诗予以证明。现在我还清楚地记得那几句诗，'他经过了十年的沉默，工作而等待/直到缪佐显出了全部魄力/一举而让什么都有了交代。'诗里说的是德语诗人里尔克，他曾沉默了10年，终于在瑞士缪佐的古堡获得灵感，写完了名诗《杜伊诺哀歌》和《致奥菲士十四行诗集》。"

楚当当不由地问："那你也停笔了？"

"是啊，"端木宇叹了口气说，"一停就是两年，等我再拿起画笔，发现无比生疏。原先的技法退步了，而灵感更是与我绝缘。这时我才知道，其实技法要想进步，绝对不能停笔，也不能等待灵感，而是要在原有的基础上，不断尝试，渐渐生长出新的枝叶。"

"那你后来是怎么做的呢？"她生怕听到一个学艺不成，中途放弃的故事。

端木宇停了一会儿，没有回答她的问题，只是一径说下去："其实根本没有灵感，只有努力。也没有天赋，只有不断练习。一种笔法用久了，习惯了，就要警惕，要慢慢地换上新的方式，走出'舒适区'，虽然一开始会不舒服，不如原来的笔法行云流水，但只有这样，才会进步！我现在就处于这种状态，好像没有进步，但我知道，静水流深，过些时日，就会让人刮目相看了。"

楚当当陷入沉思。她以前画画总是率性为之，逐渐也形成了风格，并且习以为常，所以正经地画素描，她总觉得不适应。或许，这种不适应，说明她走出了舒适区，乃是进步的前兆呢。

她逐渐欣喜起来，对着江边的端木宇微微一笑，心里忽然有一种冲动，或许是出于酒意，想要拥抱他一下。一念及此，她的脸陡然就红了。当然，夜很深，路灯很暗，所以谁也没看见。

第七章

管理学家彼得·杜拉克说：“不能管理时间的人，就不能够管理一切。”时间管理的目的，就是有效利用时间，活得充实，取得成就，同时又张弛有度，掌控自己的生命，留出时间去领略天地之大美、亲情之温暖，充分享受自己的生活。

我们再来说陶坷坷。

那晚他与妈妈签订奋斗合约的时候，也着实激动了一回。他躺在床上，但觉胸中热血涌流，迟迟不能入睡。他想着，如果兑现承诺，考出好成绩，各种 offer 雪片般飞来，然后走进那些名字悦耳的大学，聆听大师们授课，在常青藤的教学楼间散步，整个世界都在他面前徐徐展开。那真是好日子啊！以前觉得这些与自己无缘，可现在一想，却也并非镜中花月呢。什么都架不住努力学习啊，是不是？

接下来的几天，陶坷坷发现妈妈果然大变样了。每天清晨即起，穿上运动服，头发随意扎一个马尾，去小区里跑步。一日三餐严格控制，基本不见荤腥，常以水果代餐。

"妈妈，你这回动真格的了？"

"那还有假！"妈妈的气色好了不少，不施粉黛，脸蛋也红扑扑的，用手指一点陶坷坷，"儿子，你呢？"

"嘿，你就瞧好吧！"

陶坷坷一拍书包，里面是满满的复习资料，就蹬上自行车，疾速地出了小区，赶往学校。一路上，他内心不免忐忑。豪言壮语说起来容易，做起来可难了。妈妈减肥，跳舞，只要有恒心，也不难做到，毕竟当年有基础嘛。可自己呢，小学时靠着小聪明，对付学习游刃有余。可到了初中，科目一多，他心思又散，学习明显就跟不上了。高二时他曾经崛起过一阵，要和杨略竞争，很是花了一番功夫在学习上，成绩也有明显提高，但要想进名校，这还远远不够用啊。

这两天在学校里，他也定了一个极富雄心的学习计划。既要完成作业，又要额外做题，各学科兼顾，尤其重视英语。计划看上去很美，可一实施，就觉困难重重。为什么呢？

网上流行一张照片，教室里大家埋头学习，一张空桌上堆满了雪片般的各种试卷，目测有三四十张。照片附了一句话："这哥们请了两天假……"说尽高三生的苦楚。

对于这么多作业，陶坷坷以前漫不经心，试卷能拖就拖，能抄就抄，倒也没什么压力。可现在要真刀真枪干了，顿觉有些费劲。

起初两天，学习任务倒也完成了，可到了第三天，他已有些扛不住。以前他打篮球，筋疲力尽后，晚上往床上一躺，第二天照样生龙活虎。可学习是脑力活儿，脑子用久了，眼前一直浮现着各种单词和方程式，精神虽疲惫，却依然活跃。晚上难以入睡，白天就没了精神，只觉脑中混混沌沌，学习完全没效率，任务就堆积起来了。

所以，他的雄心过后，就开始失望。就像一个穷汉，原本粗茶淡饭习以为常，忽然被带入满汉全席，沐浴在高贵的香味之中，才吃了几口，却被扔了出去，不仅没吃饱，反而把平静的心境打乱了，变得怨天尤人，不甘于贫寒的日子。

最让他寒心的，就是在同样的题量压力之下，有些同学却从容不迫，应付自如。杨略就是如此。他居然还有时间去打球，和葛怡谈笑风生。最最可气的是，他还负责班里的黑板报，把自己的诗写上去，什么"我前生当是一名剑客"。哼！在同一个屋檐下，做人的差距怎么这么大呢？他的心里一时千头万绪。

他一路想着心事，将车子骑得飞快，刚到校门口，看到了一个熟悉的背影匆匆地往前赶，于是喊了一声："子轩！"

陈子轩应声站住，转过身来，一脸惊恐，四处张望，发现是陶坷坷，神情这才放松。

"是你小子啊。"

陶坷坷看到陈子轩头发凌乱，眼泡浮肿，知道他又去网吧熬了个通宵。

"我说你还真潇洒啊。这都快期中考试了，你还……"

"嘘——"

校门口站着值班的老师，以及学生会的成员，监管着学生的衣着言行。陈子轩明显紧张起来。他是住宿生，平常吃住全在校内，可谓是大门不出，三点一线。这么大清早往学校赶，难免引起老师怀疑。幸喜今天值班老师都陌生，他混进学校，这才如释重负，攀着陶坷坷的肩膀。

“这不是忙里偷闲嘛。”

谁也不知道陈子轩的家庭背景，但从其衣着消费来看，似乎家境不错。从他口中，大家得知他叔叔趁着周边景区开发，开了几家农家乐；姑姑则承包着大果园，冬卖草莓夏卖梨；大伯家的堂哥开了物流公司。算得上满门富贵。

同学们自然好奇。

“那你家呢？”

“嘿，”他摇一摇头，嘴角却浮现一丝笑意，左手伸到脑后，摸着后颈，“就那样吧。”

他的含蓄和低调，更让人浮想联翩。亲戚如此，他家定然也不坏。所以到校外下馆子，同学们也不客气，就指明让他买单。他除了有时忘带钱包，都不太拒绝。况且，他性格诙谐，又会画漫画，人缘自然不坏。

可陈子轩也有个毛病，就是有些势利眼，不仅和老乡陈高照十分疏远，对班里家境一般的同学，都有些瞧不起。他平常有意无意地，就要和陶坷坷、杨略等人泡在一块儿。

同学们对此虽然有些反感，但转念一想，人以类聚，物以群分，人家都是富二代、贵公子，臭味相投也算正常。

陶坷坷把自行车锁在车库里，嚼着一个苹果，向教室走去。

“子轩，你现在都玩什么游戏啊？”

“随便玩玩呗。”

陈子轩说的是实情。他不是游戏高手，也谈不上多热爱。网吧里充满了烟味儿、泡面味儿，或许还有脚臭味，实在不是个好去处。但里面有种颓废的懒散劲儿，人人互不理睬，都是神游物外，和教室里的紧绷完全不同，这才是最吸引他的。

“随便玩玩，也能玩通宵？”陶坷坷这两天一用功，就有些昨是今非，说话竟带点说教味儿。

“也就是打了几盘帝国时代，看了部电影，QQ 上闲聊了一会儿，困了就打个盹儿，本来还想回学校，但一醒来就天亮了。”

陶坷坷知道，这陈子轩是个“惯犯”，常趁着晚自修下课，随走读生混出学校，过几条街，钻进一家网吧，等夜深人静，意兴阑珊，再从学校围墙翻入，悄悄钻进寝室。

“马上要期中考试，你准备得怎么样了？”

陈子轩苦笑一声，说：“我这第 10 考场的人，还能怎么样？”

原来学校有这样一个规矩，但凡遇到统一考试，诸如期中考、期末考，学校安排考场时，都按上一次的排名来定座位。所以，能进入第一考场的都是精英，而第 10 考场以后的，则是全年级的末流。

陈子轩这么一说，陶坷坷心里也沉重了，他以前也是在第 10 考场，高二时好不容易挤进第四考场，但这次考试又悬了。半年时间，真的能咸鱼翻身吗？

以前他觉得自己很脱俗，从不将排名放在心里，也对那些对分数斤斤计较之人嗤之以鼻。但看到杨略和葛怡双双走进第一考场，难免觉得心酸。再想到以后，他们前程明朗，各自都有建树，而自己的路却越走越窄。等少年时的意气风发一去不返，那又用什么来支撑自信呢？别人会怎样评价自己？是纨绔子弟，还是酒囊饭袋？他该有怎样强大的心灵，才能抵抗那些飞短流长？

他坐在教室里，听欧阳老师上课，心里却越来越凄凉。他向来孤傲，独来独往，虽然潇洒，但却没个好友可以倾吐心事。他拿着语文书，卷来揉去，书页都皱起来了。他觉得自己也是一本书，精彩无人阅读，褶皱无人轻抚。

“我怎么混到这份儿上了？”

想法一多，思路就乱，明明在看书、做题，脑子里却会浮现出一个电影的场景，或者总在回荡一首歌曲的旋律，嘤嘤嗡嗡，挥之不去。

晚上回家，妈妈还在瑜伽垫上练劈叉。经过一段时间恢复性训练，她的体重减轻了，柔韧性也提升了，而且脸色红扑扑的，分外显得年轻。此刻，妈妈看他面容凝重，甚至有点憔悴，就关切地问："坷坷，你不舒服？"

"没有。"

"那是学习太累了？"

"高三嘛，能不累吗？"

因为这个学习合约，他碍于面子，不能和妈妈诉苦，只得默默忍受。他觉得，以前他为了打球，每天练习3000米，起初跑到1500米，就觉筋疲力尽，呼吸急促，但只要坚持过去，熬过这个坎，精力又神奇地恢复了。他相信学习也是这个道理，现在他正在节骨眼上呢，只要熬过去，打通了任督二脉，他的内力肯定会猛增。

可是，他没想到的是，随着时间流逝，这种情况越发严重了。他坐在教室里，身边同学不经意间所制造出的声响，如邻位翻书的声音、同桌写字的声音、身边同学吸鼻子的声音、桌椅晃动时发出的声音，都让他听了之后心里就翻江倒海，一片混乱，难以集中精力。他认为是这些声音妨碍了自己集中注意力，进而无法安心学习。可他就算回家，坐在安静的房间里，还是经常走神。

"我这是怎么了？"

杨略看到以前潇洒俊逸的陶坷坷，现在整日眉头紧锁，就主动来询问。陶坷坷虽然对他有些嫉妒，但毕竟是好哥们。篮球队的队友，那就是战场上的生死弟兄，哪有什么不能说的？于是竹筒倒绿豆，把自己的处境一股脑儿全说出来了。

杨略听得认真，脸上却浮现出一丝笑意。

陶坷坷这回真有些动气，砸了杨略一拳。

"你小子还幸灾乐祸。"

"不是啊，我是同病相怜。"

"得了吧，我看你是三月里的蛤蟆，正蹦跶得欢呢，人家火烧眉毛，你倒有空嘲笑我。"

"我真没笑你。"

"还说没有。算了,不跟你争这个,说正经的,你要是我兄弟,就好好指点指点我吧。"

杨略也庄重起来:"我以前也和你差不多,为了多学点东西,就把时间表安排得上厕所都得百米冲刺,整天忙得跟狗似的,但效率却不高。"

他说起自己的时间安排:早上 5 点半起床,洗漱,早餐,骑车到校参加晨读;上午 5 小时课程,12 点吃中饭,舍不得午睡,就背诗词;下午又是 4 堂课,晚饭后刷刷做题;晚自修一直到 9 点半才结束,他回到家里,洗漱,看英语,看得眼泪花了,才闭眼睡觉,而梦里都是单词。

陶坷坷说:"这就是学霸模式啊。"

杨略却摇摇头:"这只是表面现象,关键得看细节。"

他开始耐心剖析。

白天上课,他跟着老师步伐,总结、串联、重温,有些茫茫然,勉强能跟上节奏。但一到下午自学时间,就完全乱了套了。本来应该复习一下理论知识,但他觉得没时间了,各科作业要及时完成。他随意挑了一门,先做数学卷子吧,但很快遇到了难题,解了半天没结果,就扔在一旁,又拿出历史作业,做着做着,又卡壳了,转身又看英语,东一榔头西一棒子,全然没有效率。

正在这时,数学课代表来收作业,他手忙脚乱,又抽出数学试卷,一边说着:"等会儿,等会儿。"一边咬着笔头,继续啃那个难题,终于有了思路,得出答案,交了上去。这时,他想学点历史。但曾泉给他说了个笑话,他不好拒绝,就笑纳了。笑话的确滑稽,他笑得肚子都疼,觉得来而不往非礼也,就回敬了一则。双方都觉有趣,触动灵感,又说了几个,如此过了许久,晚自修的铃声响了,这才开始做历史,而英语、语文的试卷,还在旁边虎视眈眈。他开始着急了。

"要这么看,我还是学霸吗?整个一穷忙族啊,越忙越穷,越穷越忙,整天过得毫无头绪。心里火急火燎的,可步子就是迈不大。而且别人可以随意打乱我的安排,又不知道拒绝,时间就被消磨掉了。"

陶坷坷一边听一边点头。这情况和他太相似了!他心里总算得到了点安慰。敢情就算是学霸,也有同样问题啊。

“那你后来是怎么华丽转身的呢？”

“转变是从我爸的一封信开始的。我刚好打印了一份,资源共享一下吧。”

“嚯,这么厚一叠？我作业还没做完呢,哪有时间看啊。要不,你言简意赅地给我讲讲？”

“瞧你,什么都走捷径。我可告诉你啊,这是我爸的心血,也是我时间管理的法宝,得仔细看！你到底要不要啊？”

“要,要,要！我看还不成吗？”

“这就对了。磨刀不误砍柴工嘛。”

陶坷坷听从了杨略的话,在接下来的自修课里,暂时把习题放下,专心看杨略爸爸的那封信。

第七课　如何管理你的时间和生命

杨略：

见字如面。

今天我们谈时间管理。

伏尔泰说："最长的莫过于时间,因为它无穷无尽;最短的也莫过于时间,因为人们所有的计划都来不及完成。在等待的人看来,时间是最慢的,在作乐的人看来,时间是最快的;它可以无穷地扩展,也可以无限地分割;当时谁都不加重视,过后都表示惋惜;没有它,什么事都做不成;它可以将一切不值得后世纪念的人和事从人们的心中抠去,也能让所有不平凡的人和事永垂青史。"

我们想要学有所成,就必须学会有效的时间管理,每天合理地安排时间,充分利用时间,让每一分每一秒都极大地发挥它的作用,绝不要虚度年华。那么,时间管理的技巧到底在哪里呢?

且听我慢慢道来。

时间是最为特殊的资源

管理学巨匠德鲁克曾说："资金可以筹集，人力可以雇佣，但时间却租不到、借不到、买不到。时间的供给，也丝毫没有弹性，稍纵即逝，根本无法贮存。时间永远是短缺的。此外，时间也没有替代品。工业原料中，铝缺少了，可以用铜。人力缺少了，可以用资金来替代。我们可以增加知识，增加人力，但没有任何东西可以替代失去的时间。"

总结起来，时间有如下四大特性：

1. 供给一定。无论贫富，无论长幼，每天只有 24 小时。

2. 无法积蓄。不论愿不愿意，我们都必须消费时间。

3. 无法取代。时间是任何活动都不可或缺的基本资源。

4. 无法复得。正所谓"盛年不重来，一日难再晨"，千金散尽还可复来，时间挥霍了，谁都难以挽回。

因此，我们要最大限度地学会利用时间。卓有成就的人与碌碌无为者最大的区别，就是前者非常珍惜时间，而且很善于设定计划，管理时间与生命。

当然，也有反对设定计划的论调。

有人说，一切听从老师安排，不需要自己管理时间。其实，被动学习和主动学习的效果是不同的。况且，如果到了大学，老师管得不那么严，你将如何自处？

有人说，计划总赶不上变化。其实，计划要有弹性，可以及时调整。

有人说，明确的计划会限制我。其实，就是要时刻提醒你不能拖沓。

有人说，计划嘛，头脑里大概想想就够了。其实，你会很容易忘记一些琐事，而且，有时候你会忘记自己当初的梦想。

管理学家彼得·杜拉克说："不能管理时间的人，就不能够管理一切。"时间管理的目的，就是有效利用时间，活得充实，取得成就，同时又张弛有度，掌控自己的生命，留出时间去领略天地之大美、亲情之温暖，充分享受自己的生活。

你的时间都花到哪里去了？

为了成为时间管理高手，第一步就必须认识自己的时间花在了什么事情上。一般而言，我们容易对自己评价过高，认为自己把大部分时间花在了重要的事情上。但实际情况真的如此乐观吗？我们来做一份自我监督的表格。

监督你的时间

06:00	06:30	07:00	07:30	08:00	08:30	09:00	09:30
10:00	10:30	11:00	11:30	12:00	12:30	13:00	13:30
14:00	14:30	15:00	15:30	16:00	16:30	17:00	17:30
18:00	18:30	19:00	19:30	20:00	20:30	21:00	21:30
22:00	22:30	23:00	23:30	00:00	00:30	01:00	01:30
02:00	02:30	03:00	03:30	04:00	04:30	05:00	05:30

请把这份表格放在身边，每过半小时如实记录一次（当然，睡觉时间除外），特别要记录你睡觉、吃饭、聊天、玩手机、开小差的时间，越详细越

好。这一步非常关键，因为这会告诉你时间花在了哪里，也能告诉你该在什么地方下功夫改变。

根据上面的表格，你扪心自问如下几个问题。

1. 学习容易被杂事打扰吗？（　　）

2. 把时间花在一些无关紧要的事情上了吗？（　　）

3. 交作业前还在赶工吗？（　　）

4. 有没有利用睡觉时间在玩手机、看电视剧？（　　）

5. 上课、做作业时会不会心神不宁，注意力不集中？（　　）

6. 做事会不会不分轻重，眉毛胡子一把抓？（　　）

7. 有没有经常将学习任务推到第二天？（　　）

以上七点，你有几条中枪了？如果超过三条，那么，你就要改进时间管理技术，给自己的学习定一个计划了。

其实，当初我第一次填完这份表格时，真是吓了一跳。因为我一向认为自控力不错，每天工作也务实高效，可从记录表中，我看到自己花费了太多时间在回复私人邮件、与同事聊天、看微博、莫名其妙地发呆上面。而有些重要的事情，比如健身、陪伴家人，还有读书，花费的时间居然不如浏览网页那么多。这令我十分惭愧，从此查漏补缺，经过反复练习，逐渐优化自己的时间配置。

那么，时间配置如何优化呢？其要诀主要有以下五点：

1. 四象限法，分清事情的轻重缓急。

2. 要事优先，与精力周期相对应。

3. 交叉学习，善用莫法特休息法。

4. 集腋成裘，善用零碎时间。

5. 集中注意，一次只做一件事情。

接下来，我将逐条进行阐述。

四象限法，分清事情的轻重缓急

在我们的日常学习中，经常会遇到这样的情况，面前的事情一大堆，让我们手忙脚乱，不知从何下手。做着一件事情，心里却在惦记着另一件，甚至东一榔头西一棒子，最后没有一件事情能完整地做完。

这时候，我们要运用 GTD（Getting Things Done）时间管理法。其核心理念在于，把心中想到的所有事情都写下来，然后分清轻重缓急，让脑袋里只装一件事，这样才能心无挂念，全力以赴地做好工作，从而提高效率。

新一代的时间管理理论，把事件按其紧迫性和重要性分成 ABCD 四类，形成时间管理的优先矩阵。如下所示：

紧迫性 / 重要性	紧急	不紧急
重要	A	B
不重要	C	D

解释一下，紧迫性是指必须立即处理的事情，不能拖延。重要性与你的人生目标息息相关。有利于实现人生目标的事物都称为重要，越有利于实现核心目标，就越重要。

你会更注重哪类事件，把更多的时间投入其中呢？这种选择就注定了你成为哪种人，也注定了你的生活质量和事业成就。

关注点	类型	特点
总在处理 A 类事件	压力人	紧张繁忙，临阵磨枪
总在处理 B 类事件	从容人	有条不紊，保质保量
总在处理 C 类事件	无用人	看似忙碌，实则无功
总在处理 D 类事件	懒人	散漫度日，无所用心

从中可见，更多关注 B 类事件，你会成为高效能人士。这就奇怪了，不是说 A 类事件最重要最紧急，怎么不先关注它呢？其实，这当中有不少道理需要讲清楚。

A 类：重要紧急。没说的，这些事得赶紧去做。但如果这个框里事情太多，就要扪心自问，为什么这些事情都拖到现在才来做呢？如果提早点完成，就不需要慌手慌脚了，而且完成的质量也会更高。

B 类：重要不紧急。千万不要因为不紧急就拖延。因为这个框里的事情，都关系着你的人生目标，都需每天坚持，如此日积月累，才能离你的理想越来越近。

C类：紧急不重要。如果可以，就交给别人去做，如果要亲力亲为，那也要在很短时间内完成。

D类：不紧急不重要。这些事情本身就是消遣，作为身心调节所用，可在疲惫时去做。如果时间不允许，完全可以放弃。

这个四象限法，能对所有事项进行综合考虑，并分别对待，把劲儿使在刀刃上，从而切实提高效率。

要事优先，与精力周期相对应

马克·吐温说，如果你每天都必须吃一只恶心的活青蛙，那请你一起床就将它吃掉，这样你一整天都会很满足，因为你把最糟糕的事情都做完了。

这也就是说，如果你面前摆着许多任务，那么你就从最大、最困难而且最重要的事情开始。并督促自己马上开始，然后一直坚持，直到任务完成，再去做其他事情。

如果你选择从轻松的事情开始，那么重要的事情会在脑中反复扑腾，发出尖锐的噪音，让你心慌意乱，难以安宁。与其如此，不如先将这些重要的事情解决吧。

当然，我们还要考虑一个元素，那就是每个人都有的“生物钟”，在它的影响下，一个人在一天中不同时段的学习效率不尽相同，由此产生了“高效时间”、“中效时间”与“低效时间”。有人上午精力旺盛，学习效率高；有的人下午思维敏捷，学习最顺手；有的人晚上精力最集中，学习最能出成果。所以，我们要根据精力周期，合理安排学习任务。

第一步，根据精力周期细分全天的时间。

每个人的精力周期不同，我们首先要划分出“优质、中质、低质”时间段，之后才能将不同难度的事情安排到不同精力水平的时间段中去。

比如我的精力周期：

序号	精力类型	时间段	具体时间
1	优质时间	晨起段	6:30~9:00
2	优质时间	上午段	9:30~12:00
3	优质时间	下午前段	14:00~16:00
4	低质时间	下午后段	16:00~18:00
5	中质时间	傍晚段	18:30~20:30
6	中质时间	夜晚段	21:00~24:00
7	低质时间	间歇段	各时段间隙 20 分钟

第二步，为每个时间段安排相应的任务。

我们再根据精力周期，把最重要的事情放在自己精力旺盛、学习效率最高的时间去做，而把一般性的事务放在精力一般的时间去做，做到有张有弛，劳逸结合，使自己有充沛的精力去学习，这样既赢得了时间，也赢得了学习的主动权、高效率。

序号	精力类型	时间段	具体时间	相应任务
1	优质时间	晨起段	6:30~9:00	A
2	优质时间	上午段	9:30~12:00	B
3	优质时间	下午前段	14:00~16:00	A
4	低质时间	下午后段	16:00~18:00	C
5	中质时间	傍晚段	18:30~20:30	B
6	中质时间	夜晚段	21:00~24:00	C
7	低质时间	间歇段	时段间隙 20 分钟	D

根据学生的实际情况，在校期间，每天晨起段、下午前段，往往要应付大量紧急要完成的作业，所以安排 A 类事件。上午段、傍晚段则用于重要不紧急的学习。下午后段可以适当运动、交流。夜晚段是临睡之前，可以安排轻松的阅读和小复习。而间隙时间，就可以做点轻松的娱乐和聚会。

交叉学习，善用莫法特休息法

在学习中，如果过长时间盯着一门科目，会让我们疲惫不堪。有时为了赶任务，不得已持续下去，但效率低下，根本没有成效。这时你需要休息。但休息一定是停止学习吗？不一定。不同科目的轮替，也是一种休息。

这种方法，就是“莫法特休息法”，它可以让我们保持精神上的兴奋点，进行主动的调剂和放松，创造最高工作效率。

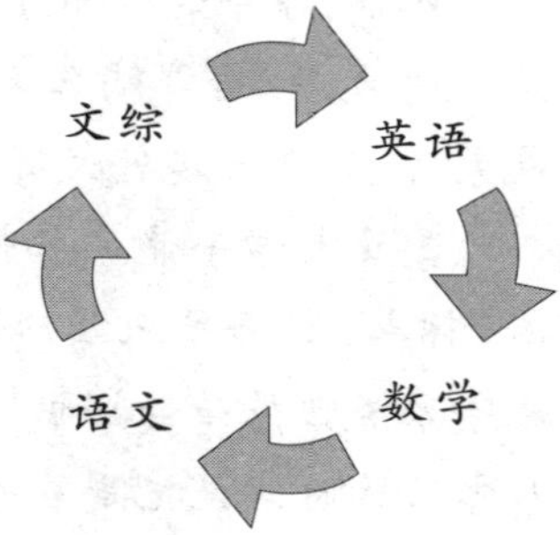

比如你长于语文英语，弱于数学，那在时间安排方面，可以先做数学，做一小时左右，感到疲倦，稍作休息，就翻开你擅长的语文作业。

你一定深有体会，学习擅长的科目，会时常觉得带劲，有心得，有提高，甚至陶醉其中，好像学习也是一种休息。等你放下语文，把这种畅快感带到数学中去，也会得到高效率。

同时，如果某一科目进入心理疲劳期，感觉复习遭遇瓶颈，那就找一些过去做过的经典试题来做。在这个过程中，遇到的都是熟悉的内容，心里不会有负担，同时“温故而知新”，很多知识当再次学习时，可能会有许多不同的体会和心得，会让你重新激发复习的热情，使心灵保持活力，而非倦怠和失落。

集腋成裘，小时间有大用处

老师在桌上放了一个罐子，然后装进鹅卵石，问他的学生：“这罐子是不是满了？”

“是！”学生异口同声。

老师又拿出一袋碎石子，从罐口倒下去，问：“这罐子是不是满了？”学生们沉默。

老师将一袋沙子倒进罐子里。

“这个罐子是满的吗？”

学生们不大确定地回答："好像是满了。"

老师又从桌底下拿出一大瓶水，倒进看来已经填满了的罐子里……

其实，看似排得满满的日程表，其实还有很多零碎的时间，比如学习的间歇、用餐时间、上学或放学路上的时间等等，基本上无法完成什么重要的事情，但只要善于挤，科学、合理地管理，都能加以利用。

比如，等车的时间可用来背公式、记单词；饭后散步可用来观察事物，思考问题；入睡前躺在床上，可以回忆、复习当天的学习内容。如此集腋成裘，汇合在一起就大有可为。

某北大学子说："零散的知识主要是英语单词和语法，语文的语音、词语、标点、熟语等基础知识。大块的读书时间可以用来读文章，记忆政史地等系统性很强的知识，而把那些零碎的知识写在小纸片上，随身携带，在零散的时间记忆是最好不过的了。"

集中注意，一次只做一件事情

科学家哈罗德·帕斯勒在实验中发现："当人们同时做两种学习任务时，他们的认知能力可能从哈佛 MBA 的水平下降到一名八岁儿童。这种现象被称为双重任务干扰。教训很清楚，如果准确性很重要，那么，就不要分散你的注意力。"

距离高考越来越近，有些学生却苦于注意力涣散，上课时不能全神贯注地听讲，眼睛看着老师，脑子里却在跑火车，偶尔还会有小动作，听课效果当然不好。自修时也定不下心，托着腮帮子，转着圆珠笔，心不在焉，一有打扰就觉烦躁，学习效果也不会高。

对于生活中那些真正的成功者来说，他们一旦选定目标，就会把精、气、神集中于一击。就像有人问爱迪生："成功的第一要素是什么？"爱迪生回答说："能够将你身体与心智的能量锲而不舍地运用在同一个问题上而不会厌倦的能力……你整天都在做事，不是吗？每个人都是。假如你早上 7 点起床，晚上 11 点睡觉，你做事就做了整整 16 个小时。对大多数人而言，他们肯定是一直在做一些事，唯一的问题是，他们做很多很多事，而我只做一件。"

当然，一次只解决一件事情，并不是忽略其他的事情，而是循序渐进完成你的任务。只有这样才能在繁杂混乱的工作中保持清醒冷静的头脑，把每一件事都做到最好。当你选择好属于自己的“一件事”时，你应该全身心地投入到那“一件事”上，不轻易放弃也不轻易改变，只有这样，你才能有所收获。所谓“术业有专攻”，只有“专”才能“精”也正是这个道理。

而当一个人在自愿的情况下，为完成某项困难而有价值的事业鞠躬尽瘁地努力，把身体或心灵应用至极限时，最美妙的时刻便出现了。

那就是“心流体验”。

生命的心流：寻找内心的流畅感

著名心理学家契克森米哈赖在研究中发现，很多科学家、艺术家工作中，常常伴随着心流体验，他们有些人回忆：“我的专注就像呼吸一样，我几乎没有注意到。当我开始工作时，我真的完全忘记周围……”由于高度的专注，他们忘记了自我、时间和周围环境，工作中伴随着喜悦，也特别富有创造性。

诗人马克·斯特兰德如此描述这种感受：“完全沉浸在自己的工作之中，你似乎被自己在工作中发现的可能性所支配……如此地与工作融为一体，你感觉不到将来和过去，只有无穷无尽的现在。”

我也曾有类似的表述：

一个秋天的午后，在房间里小坐，偶尔走到阳台上晒太阳，心中想到以前要写的一篇小说，但迟迟没有动笔。今天忽然有了个灵感，便打开电脑，着手去写，当天就写完了8000字，而且一通百通，将接下来的提纲全部列好。吃晚饭的时候，灵感不住迸发，我就在本子上不停记录，内心乐不可支，走路几乎一蹦一跳。当晚睡眠时间很少，第二天极早起床，但依然精神百倍，脚步分外矫健，举目望去，但觉无处不好。

“心流”就是许多人形容自己表现最杰出时那份水到渠成、不费吹灰之力的感觉，运动家的“巅峰”，艺术家的“思如泉涌”。心流发生时，人必须投注全副精力，心无旁骛，意念因此得以完全协调合一，丝毫容不下无关的念头或情绪，此刻自我意识已消失不见，时光飞逝而不觉，但感觉却比平日强烈，生命获得极致的发挥，生活本身就变成目的。虽当时不觉得快乐，但完成任务后回顾时，心生感激与快乐之情。

这么美妙的体验，我们怎样才能得到呢？

契克森米哈赖在《生命的心流》中指出，心流体验的降临，需要以下几个条件：

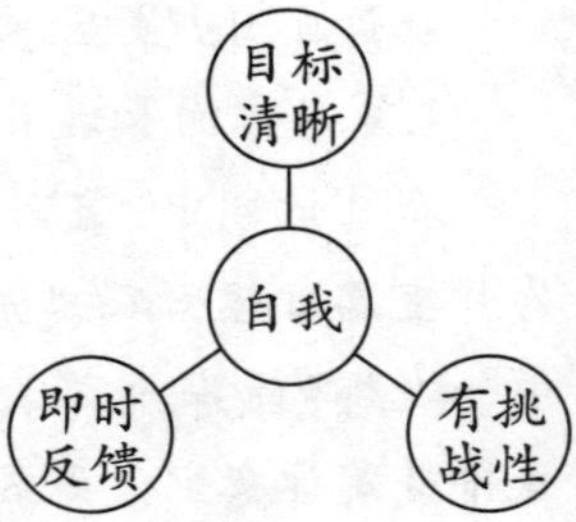

◎目标清晰。只有在清晰的目标面前，人的注意力才会凝聚，剔除杂念，专心致志，身心合一，沉浸在某项工作，时间仿佛缓慢下来，人的心情变得非常宁静而愉悦，工作似乎不费吹灰之力。此时消耗更少的自控力，却完成更多的任务。

◎即时反馈。心流体验需要即时的反馈。因为目标太远，开始时还有新鲜感，但因为感受不到进步，容易受周围环境的影响，随着时间慢慢过去，就会变得懈怠，目标也逐渐模糊。但若能一步一个脚印，每完成一项任务，给自己一点奖励，或把自己的学习收获与人交流，都能给我们一些正面的能量。

◎有挑战性。生活充满各种困难和挑战。如果任务过于困难，如大山横梗于前，会让人无助无望丧失信心。那么寻找简单的任务呢，"尽在掌控"的感觉固然让人放松，时间长了却令你厌倦。只有寻找比你现有能力稍高一些的挑战，才能激发你的潜能，触发心流体验。

在学习中，我们要善用心流体验，从而更多地感受到思维、学习过程本身的美，滋长出学习的内在兴趣，帮助我们发展高超技巧，并自信昂扬地向高难度任务挑战。因为不论做什么事，若能一面乐于其中，一面不断成长，就是最理想的状况。

我们都期待这样的时刻。

趣味测试&魔鬼训练之时间管理篇

[训练题 1]制定完美的日程表。

说完了这么多要诀，最后要落实到日程表中。我相信一句话，一日之计在于昨天，今天则重在实施昨天计划以及为明天做准备。你可以在每天晚上临睡前，留五分钟时间，为第二天安排好计划。再留出一些空间，用于添加第二天老师布置的作业。

在设定日规划之前，要注意三个事项：

1.复习你的长远目标。

在日计划中，复习你的人生目标，复习你的年度目标，同时也复习你的月重点目标、你的周目标，因为你每天都在做一件事情，在你的脑海里，第一次想的就是你多年的计划，就是你的人生目标，你一直都在想的一件事情就是你把它白纸黑字地写下来，有了年计划，你就有月计划重点、周计划重点，有了计划重点就会引导你的日计划，你做这些事情有没有离你的目标更近，如果你做得不好，就离你的目标更远。

2.设置最后期限。

同时，每一件事情都要设定期限。在设定目标的时候，有一个SMART原则，即设定的目标是具体的，可以计量的，可以达成的，还是合理的，同时又是有时间性的。每一件事情都要设定期限，如果你的目标没有期限，那就不叫做目标。

3.设置弹性时间。

每一项工作都需要时间，最好是留有弹性，即预估的时间应该稍微宽裕些。可以在两三项工作之后，安排一个弹性时间，来弥补以前还没有做完的事情，或者说是留作被干扰以后的调节时间。弹性时间不能够太长，10 分钟甚至 20 分钟是比较适当的。

我设计了日计划的完整版和简易版，都可以参照使用。

我的日计划(完整版)

复习人生目标:____________

复习学期目标:____________ 完成时间:____________

本月目标重点:____________ 完成时间:____________

本周目标重点:____________ 完成时间:____________

今日高效活动重点	AM:
____________	6:00~7:00:____________
____________	7:00~8:00:____________
____________	8:00~9:00:____________
____________	9:00~10:00:____________
____________	10:00~11:00:____________
____________	11:00~12:00:____________
任务清单	PM:
A类:____________	1:00~2:00:____________
____________	2:00~3:00:____________
B类:____________	3:00~4:00:____________
____________	4:00~5:00:____________
C类:____________	5:00~6:00:____________
____________	6:00~7:00:____________
D类:____________	7:00~8:00:____________
____________	8:00~9:00:____________
	9:00~10:00:____________
	10:00~11:00:____________

我的日计划（简易版）

一周计划	星期一	星期二	星期三
1	1	1	1
2	2	2	2
3	3	3	3
4	4	4	4
5	5	5	5
6	6	6	6
7	7	7	7
星期四	**星期五**	**星期六**	**星期日**
1	1	1	1
2	2	2	2
3	3	3	3
4	4	4	4
5	5	5	5
6	6	6	6
7	7	7	7

（注：在横线上写上任务，同时用 ABCD 标明等级）

[训练题 2]番茄学习法，提升你的专注力。

心理学研究发现，人的专注力是很难长时间集中的，"走神"其实是正常的心理现象。人的专注力会受外界环境的干扰而走神，会因为内心的情绪波动而被干扰，这都是普通人的心理。

如果你想改变自己，那就跟我一起，做一套专注力的心灵体操，运用番茄学习法来训练自己。

所谓番茄学习法，源于番茄工作法，说起来很简单，就是用一个番茄形计时器设定 25 分钟，在此时间内，全神贯注，心无旁骛，倒计时过后，不管任务完成与否，立即停止，再休息3分钟，然后再进入下一个番茄时25分钟。

这个方法简单好用，但要有一些规则。先拿出一个计时器，还有一个记事本。我们开始吧。

1. 选定任务。清早起来，吃完早饭，就要在记事本上写下“今日任务”清单，规划当日任务，写明轻重缓急。瞧，这是以前学过的。然后选择最重要最紧急的任务，摆在自己面前。

2. 清理书桌。让书桌上的课本、习题、文具各就各位，整齐洁净。这是一种心理暗示，似乎你的心灵也像这书桌一样，通过一双无形的手，将奔驰往来的思绪、情绪收拾好，留下一片明净的空间，让你安静地学习。当然还得关闭手机、电脑等等诱惑注意力的电子设备。你知道吗，有时为了专注于手头的工作，我甚至会暂时性地将网线拔掉。

3. 创造“仪式”。通过一些刻意行为，告诉自己要干活了。比如我要写文章，先会这样做：给自己来一杯绿茶，在电脑上打开一个新的word文档。顿时，我就进入状态了！因为我看着那片空白，心里就有一种雄心，我一定要填满它，于是灵感涌起。每个人都可以创造一个让你进入专注状态的仪式，逐渐形成习惯。

4. 设定时间。拿出计时器，将闹钟定在25分钟。当然，你也可以根据自修课45分钟来定，但我们的注意力坚持不了那么久，所以还是25~30分钟为宜。而且这个动作，也是仪式的一部分。

5. 紧盯目标。将自己的身体坐端正，同时告诉自己，在接下来的番茄时间内，要高度集中注意力，迅速高效地完成手中的习题，期间不受任何干扰。这就仿佛战场上用兵，如果将兵力漫无目的地分散开，容易被敌人堵截包抄。如果能聚集实力，专攻一处，而后各个击破，那么距离成功最近。这个时候，你千万要相信自己完全具备专心的素质。而实践也会一再证明你对自己的判断。经过这样的训练，你能够发生一个飞跃。

6. 排除干扰。战场上炮火连天，硝烟弥漫，瞬息万变。而指挥者总是表情沉静，不慌不乱，判断着战局，考虑着部署。如果几声炮响，指挥者就惊慌失措，那必是败军之将。想锻炼专注力，必须有意地进行这种训练。

不管环境多么嘈杂，当我进入我要阅读和学习的科目时，对周围的一切因素置若罔闻。有了这样的训练，就算在高考时遇到突发情况，你也能应付自如，用一颗沉静的心，攻克每一道难题。

此时，如果出现一些突然想法，比如需要买根笔，需要放学后领个快递，就在记事本的特意一个小区域写下来，之后继续自己的学习。

7. 张弛有度。许多同学看似整天看书，其实都在一心两用，看书时想玩，玩耍时惦记着看书，学习和休息节奏不分明，最终导致效率低下。所以你要做的，就是在短时间内一下把注意力集中，高效率地学习。要这样训练自己："迅疾如风，侵掠如火，不动如山。"行动的时候，像风驰电掣；学习的时候，像火一样集中精力，迅速焚烧；休息的时候，像大山一样宁静。这样的训练才能使自己的专注力越来越强。

我希望你能尽早进行专注力训练，将时间的效能发挥到极致。我想，这项素质和能力，不仅对你的高考有益，而且会你以后的人生都大大有益。

祝福你。

你的大朋友

倪甫清

10 月 27 日

看完了信，陶坷坷明白，只有对时间的流逝保持高度敏感，才能成为一个高效的时间管理者。他的手表上有秒针，看它飞速的移动，就明确地感觉到，时间在飞一般逃逸。

"杨略，帮我个忙。"

"怎么帮？"

"练习一下怎么做日程表。"

"那你先做一个四象限表吧。我虽然不专业，但毕竟用过好多次了，可以帮你看看。"

"好，明天就是星期六，我要好好安排一下。"

陶坷坷拿出一个本子，在上面写出星期六的任务。

1. 做完语文单元测试。
2. 上托福班。
3. 继续写英语作文。
4. 做完数学练习题。
5. 后天同学生日，从淘宝买礼物。
6. 看 NBA 比赛。
7. 背英语单词。
8. 写微博。
9. 将历史学唐朝部分记熟。
10. 跑步 1000 米。
11. 给手机充值。
12. 买一支圆珠笔。
13. 做完文综试卷。

杨略看了，就说："还是挺充实的。现在，你把这几件事情按照重要性和紧迫性，放在四个象限内。得先定'轻重'，你目前的主要任务是学习，那么与学习有关的就重要。再定'缓急'，给所有任务标出截止时间，标出紧急与非紧急。"

陶坷坷依言而行，做了份表格。

你的任务清单

	重要程度	紧迫程度	级别
做完语文单元测试	重要	紧急	A
上托福班	重要	紧急	A
继续写英语作文	重要	不紧急	B

做完数学练习题	重要	紧急	A
同学生日，从淘宝买礼物	不重要	紧急	C
看 NBA 比赛	不重要	不紧急	D
背英语单词	重要	不紧急	B
写微博	不重要	不紧急	D
将历史课唐朝部分记熟	重要	紧急	A
跑步 1000 米	重要	不紧急	B
给手机充值	不重要	紧急	C
买一支圆珠笔	不重要	紧急	C
做完文综试卷	重要	紧急	A

然后他把任务放进四象限了。

紧迫性 / 重要性	紧急	不紧急
重要	A： 做完语文单元测试 上托福班 做完数学练习题 将历史课唐朝部分记熟 做完文综试卷	B： 继续写英语作文 跑步 1000 米 背英语单词
不重要	C： 同学生日，从淘宝买礼物 买一支圆珠笔 给手机充值	D： 看 NBA 写微博

这么一写，任务一目了然，井然有序，陶坷坷心里就轻松踏实了许多。杨略给他做作讲解："看，你现在A类事情还是太多，所以属于压力人。"

陶坷坷摸摸鼻子。

"这个……很明显。"

"凡事得做好提前量，就不用着急上火了。"

"对，把精力用在B类上。"

杨略做出一副孺子可教的欣慰状。

"B类任务关系到人生目标，比如背英语单词，写英语作文，与你的出国梦有关。身体是本钱，需要每天坚持锻炼。此外，如果你能写得更明确一些，比如英语作文500个单词，背单词30个，跑步1000米，则更有利于实现。"

"那其他事情呢？"

"C类交给别人去做，比如你妈妈去买菜，可以买支圆珠笔。如果要亲力亲为，比如网上买礼物，那也要在很短时间内完成，不能在淘宝网里逗留迁延。"

陶坷坷有些羞愧了。他一上淘宝或是天猫，眼前琳琅满目，他就难以自持，本来只想买个U盘，但两小时后，他发现自己正在看最新款的SWATCH手表。

杨略说："还有D类，不紧急也不重要。这些事情本身就是消遣，什么NBA啊，写微博啊，根本和学习无关，如果时间不允许，完全可以放弃。"

陶坷坷顿时愁眉苦脸。

"啊，球赛都不能看，那人生岂不是太无趣了？"

杨略拍了拍陶坷坷的肩膀，语重心长地说：

"谁让咱是苦逼的高三生呢！孰轻孰重，得分清啊。余振都说了，他的字典里，根本没'打球'两个字。"

陶坷坷嘿嘿地笑了。

"他呀，压根就没字典。"

星期六，陶坷坷一早就起来，趁着托福班没开始，拿出了语文试卷。说也奇怪，自从他关注时间管理以来，各处都能看到珍惜时间的提醒。

你瞧，阅读题里有朱自清的《匆匆》，对时间流逝有细致的描绘：“早上我起来的时候，小屋里射进两三方斜斜的太阳。太阳他有脚啊，轻轻悄悄地挪移了；我也茫茫然跟着旋转。于是——洗手的时候，日子从水盆里过去；吃饭的时候，日子从饭碗里过去；默默时，便从凝然的双眼前过去。”这是怎样轻巧伶俐的精灵啊，看不着，摸不到，却悄然改变着万物。

再看最后的作文题，材料是杜甫的诗《曲江二首(选一)》、辛弃疾的词《摸鱼儿·更能消几番风雨》，竟也与时间有关。陶坷坷虽然生情洒脱，但并非粗枝大叶之人，静下心来阅读诗词，也颇有些情意缱绻的体悟。

春风刚催生了叶芽，催开了桃花，但随即落英缤纷，绿叶成荫，于是杜甫伤感了，说：“一片花飞减却春，风飘万点正愁人。”觉得一枚花瓣飞落，春天便少了一分，风中万花凋零，真是令人伤怀。辛弃疾心疼了，说：“算只有，殷勤画檐蛛网，尽日惹飞絮。”竟认为蜘蛛也怕春日流逝，就用蛛网黏住飞絮，要留下春天，这是多么天真而深切的愿望啊。

唉，这些文人啊，真是内心细腻，对时间极为敏感，看到飞絮落红，便感到春天易逝，年华易老。然后呢？是掩面叹息，无可奈何，还是奋身跃起，拔剑四顾呢？

陶坷坷听着手表上噌噌噌的声音，知道秒针在不住旋转。自己已经18，虽是青春年华，但已逼近20。他以前觉得，自己理应永远十几岁，过完花季，就是雨季，过完雨季呢，似乎应该继续花季。他永远是一个风一般的少年，骑着山地车，长发飘飘，呼啸于青春的树荫之中。

可是，20岁不可阻挡。时间席卷而至，他不能自主，只能卷入其中。20，25，30，40，天哪，到了那时候，他容颜憔悴，身材臃肿，毛孔粗大，活着还有什么意思？

忽然，他听到楼下响起了音乐，是妈妈播放着《天鹅湖》。此刻，她肯定在翩然起舞了。妈妈已经40岁了，不是依然沉醉在梦想里吗？音乐像一团浮云，从门口涌进来，充盈着整个房间，显得那样绵密而柔滑，伸出了看不见的柔软小手，将一切烦忧都抚平了，理顺了。

他在音乐声中，心里逐渐宁静下来。

这曲子是多么美妙啊。试想柴可夫斯基创作《天鹅湖》时，显然不是个清秀少年了。但他在作曲，将过去的记忆一点点拾起来，耐心地编织，于是曲子玲珑而动人。这时，年华不是诅咒，而是财富了。

陶坷坷觉得身心俱宁，在最后的作文题上，写了这样一段文字。

虽然日子一天天地到来，又无声地离去，无论你珍惜也好，虚度也罢，都改变不了时间流逝的特质。但珍惜和虚度，真的没有差别吗？我们作这样的比喻，每一天都是一个音符，若是漫不经心，将音符散落一地，不过是一团噪音。若是加倍珍惜，将这些灵动跳跃的音符收拢来，串在一起，便成了一支动听的乐曲，也许是温柔缠绵的《天鹅湖》，也许是高亢激昂的《马赛曲》。我，该用时间来演奏怎样的生命之音呢？

他觉得，自己的文字从未这么优美深情过。

第八章

他们在玩电脑游戏时，“升级”和“获胜”随时可能出现，头脑里的奖励中心被打开，多巴胺大量分泌，于是受到激励，黏在椅子上起不来。此外，微博、微信也能让人深陷，不停刷页面，回复评论，脸上挂着傻傻的微笑，就像小白鼠想再感受一次电击一样。对于胸有大志者而言，再没有比这个更让人丧气的了。明明志在蓝天，双脚却被杂草羁绊，心中难免焦躁，恨自己经不起诱惑，浪费了大好时光。

已是清秋时节，一连数天的细雨缠绵，很久不见太阳，但各色菊花一齐开放了，粉红、洁白、嫣红，一蓬一蓬的，浮在绿雾中，色彩极热闹，渗透到校园的各个角落。但一道厚重的窗帘，就将这生机与603寝室绝缘了。这里依然是暗夜时分。

陈子轩从被窝里抬起睡眼惺忪的脸，看了看墙上的夜光钟，惊了一跳，腾地坐起来。惶惶然往四下一看，幽暗的光线中，对面的两个床铺都空了，只有与他抵足而眠的曾泉，还侧身蜷缩在被窝里。他用脚踢了踢床栏。

“嘿，大嘴，8点了！今天的课你去吗？”

曾泉像一条巨大的蠕虫，翻了个身。

“什么课啊？”

“数学啊。”

曾泉把被子往下一掀，露出双臂，哈哈大笑。

“子轩，今天星期天啊，你真是糊涂了。”

陈子轩放心了，又将被子盖到了脖子。

“我都神经了！”

如释重负，就聊起昨晚玩的《帝国时代》。

“大嘴，你昨晚的战术不错，一路修炮塔，修到人家门口，前面炮打城门，后面投石车远程攻击，然后我的圣战骑士一拥而入，哈，真是过瘾！”

曾泉的脸上露出得意之色。

“修炮塔可不容易，耗时太长，十来个工人一起修，也得花上几分钟。他要是派兵杀了我的工人，我肯定前功尽弃。所以我的战术是明修栈道，暗度陈仓，一边派精锐部队袭击正大门，一边在他的背后修炮塔。只要修好五六个炮塔，就成了气候，他就算派兵过来，嘿，也晚了，噼里啪啦一阵炮轰，血肉横飞，多少部队都得玩完。”

陈子轩撇了撇嘴。

“你也别太得意。炮塔不是无敌的。我们的对手也不赖，集结了一支炮兵，全用来对付你的炮塔，射程比炮塔远，你的主力部队又在前门，当时你不也没辙吗？我一看情况不好，立刻派了一队圣战骑士，高头大马，速度那叫快，对准了那帮炮兵，哈哈，一剑一个，全解决了。”

曾泉连连称是，陶醉在胜利的快乐中。

“这次合作得很默契。下回玩，我们还可以改进战术。我想，要是正面作战，可以摆开这样的方阵，长枪兵在前，对付人家的骑兵。我们的骑兵在中，随时可以冲锋。弓箭兵在后，可以远程攻击，又不容易受伤。而巫师呢，就藏在中间，给大家补血。后面再跟一队炮兵，集中火力，解决箭塔和炮塔。”

“听起来不错，”陈子轩一跃而起，“那还等什么，现在就去吧！”

曾泉也精神焕发，翻身下床，草草穿了衣服，胡乱吃了点早饭，就混到学校外面的网吧，卷入了新的辉煌战役。

周末的两天两夜，曾泉和陈子轩基本上泡在网吧，饿了点份外卖，困了斜靠在椅子上打个盹儿，星期天晚上依然来到教室参加晚自修。陈子轩趁着老师没来，就趴在桌子上睡觉。他经常如此，所以大家也习以为常。

曾泉坐下来，打开课本，思绪却还停留在刚才的游戏上，虽然今天和陈子轩配合得不错，战果也颇为辉煌，可总觉得有些地方拖泥带水，可以改进。一番神游物外，加上缺乏睡眠，就开始打瞌睡。在恍惚之中，他忽然听到一个声音。

“大嘴，你怎么了？”

他猛然惊醒，原来是杨略。

“没怎么啊。”

“真没事吗？我看你这段时间不对劲啊，萎靡不振的。”

“哪有啊？”曾泉打着哈哈，“你说我们有几个是精神振奋的，不都被高考给压得萎靡了吗？”

“还装，我都看见了。”

曾泉浑身一激灵。

“看见什么了？”

他担心的是，自己去网吧的事儿被杨略看见了，要是告诉班主任，甚至教导主任，那他肯定没好果子吃。

“我看见你和陈子轩一起回来，怎么，和他去网吧了？”

“没有，怎么可能！我们不是同寝室的嘛，刚从寝室一起过来。”

杨略点点头，什么也没说，其实他刚才骑车从家来学校的路上，刚好看到曾泉和陈子轩从网吧里走出。

曾泉看杨略没再说话，心里也忐忑难受。其实他向来是个好学生，长于文史，写得一手好文章，但生性有些慵懒，凡事不愿使全力，所以成绩不温不火。到了高三，他开始琢磨前程的事情了。他喜欢历史，也想进大学历史系深造。不过开设历史系的大都是名校，要想考进可不容易。

在前一段时间里，他立下壮志，也的确下了苦功，学习颇有进步，可毕竟离自己的目标很远，所以日子一久，面对堆积如山的复习资料，不断机械地重复，就有些厌倦，觉得生活枯燥无味。

有时难题无法解决，他就去向杨略等人请教。他们当然尽心尽力来解答，可最让他难堪的是，他一听不擅长的，或是没兴趣的内容，脑子好像自动关机了，人家说得很具体，他的心弦却一点都没被拨动。但为了显示自己没那么蠢，只得不懂装懂，点头称是，然后退回来独自消化。若是消化不了，只能搁置了。而搁置的问题多了，就垒成了山峦，他没勇气去攀爬了。

站在山峦下面的他，就被阴影笼罩了。

在寝室里，陈子轩就睡他旁边，有时与他说起游戏的事情，起初他也没什么兴趣，但有个周五晚上，他怎么也看不进书，心里想想，心弦绷得太紧，也需要放松一下，偶尔去玩玩游戏又何尝不可？他最近用钱比较节省，所以兜里还颇有盈余，就和陈子轩偷偷去玩了一回，却觉得滋味无穷，意犹未尽。此后一到周末，他就与陈子轩搭档，配合得相当默契。因为他懂历史，所以对《帝国时代》《大航海》《古墓丽影》等游戏颇为擅长。一段时间下来，在虚拟世界里，他积累了些名声，也颇受尊重，这让他有些欣欣然。

所以他明知游戏不好，但却陷入其中，难以自拔。他本想平衡游戏和学习，却完全做不到，因为时间和精力是有限的，游戏上花得多了，学习上就疏忽了，成绩也很公正地下滑了。

有时他会陷入沉思，如果考场失利，考不上好大学，上不了喜欢的专业，日后就业困难，或者做一份味同嚼蜡的工作，多米诺骨牌哗啦啦一倒，一辈子就完了。于是，焦虑如阴霾一般在心里挥之不去。可这种焦虑并没有促进他去学习，反而让他心思不宁，难以凝神静气，于是更为焦虑，形成了严重的恶性循环，让他晚上经常失眠。

他内心极感痛苦，却又无人倾诉，百无聊赖之时，就想要逃避。怎么逃避呢，唯有钻进电脑游戏里去，在打打杀杀中，暂时忘却身边的现实，填补内心的空虚。

可是，这空虚能靠游戏来填满吗？

杨略以前也经常玩玩游戏，初中时不折不扣是个网虫，所以深知游戏的诱惑力。当他看到曾泉和陈子轩陷身其中，心里很是难过。他扪心自问，自己又何尝不想抛开书本和试卷，投入到网游中去呢？他极度迷恋日本光荣公司的游戏《三国志》，从第 8 代玩到了第 11 代，他指挥千军万马，手下猛将如林，策士如云，运用种种谋略，既要治理内政，又要攻城略地，还得安抚人心，最终一统天下，何其快活！如今《三国志》第 12 代都推出几年了，他早早买了游戏光盘，真想找个周末好好玩上一回啊。

不过他现在练就了一些自控力，知道这战略型游戏，玩上一盘，就得耗费几天乃至一周的时间，于是强忍着不玩，将游戏光盘锁进抽屉里，时间一久,也就淡忘了。但曾泉和陈子轩已经沉迷其中,又该怎么办呢?

陈子轩是个惯犯,从高二开始,就时常钻进网吧。欧阳老师屡次批评,他表面听从,但私下里却不知悔改,网瘾根深蒂固,一时很难根治。但曾泉属于初犯,应该还有办法挽救。

“可是,该怎么挽救呢?”

他一直纠结于这个问题。告诉老师,显然不太妥当,有碍哥们义气啊。于是他又想到了爸爸。因为如何摆脱网瘾,也完全属于自控力的范畴吧。

于是他写了封邮件,把陈子轩和曾泉的情况原原本本写了一遍。过了几天,爸爸的回信就来了。

第八课 建立新的习惯,对抗游戏成瘾

杨略:

见字如面。

看完来信,得知陈子轩和曾泉的情况,很感不安,因为游戏成瘾是个普遍性的问题,其根源是心灵空虚,游戏乘虚而入。那我们该怎么样挽救他们呢?且听我追本溯源,抽丝剥茧,从游戏成瘾说起。

游戏成瘾和多巴胺

1953年,两位年轻科学家——奥尔兹和米尔纳——把一个电极植入小白鼠的大脑里,再通上电,想刺激大脑的恐惧区域。他们预想的是,小白鼠会很讨厌这种电击,想方设法要逃避。但奇怪的是,这只小白鼠受了电击,非但不跑,反而留在原地,看样子还很享受。

它是受虐狂吗?奥尔兹很奇怪,就连续按了电钮,小白鼠愈加痴迷了。

“以前从来不这样啊,”米尔纳疑惑着检查了电极,发现了其中缘由,“奥尔兹,你把电极安错地方了。”

奥尔兹显得有些尴尬，不过他转念一想，说："可这样不是更好吗？或许，我们发现了大脑的一个未知领域。"

米尔纳觉得有理，也非常高兴："或许，这就是快感中心。"

奥尔兹提议，在笼子里放个杠杆，让小白鼠自己去按，看它会不会自己去寻求电击。很快，小白鼠发现了奥妙，每五秒就电击自己一次，并且废寝忘食，不停地按杠杆，直到力竭而亡。

两个科学家得出结论，这是快感中心无疑了。因为除了极乐的感觉，还有什么能有这样的魔力？

他们把实验结果公布之后，引起心理学界的震动。但随后许多心理学家通过实验发现，其实他们发现的并非"快感中心"，而是"奖励中心"，也就是说，当小白鼠受到电击，感觉到的不是极乐，而是一种承诺："再来一次！肯定让你美得不得了！"

因为这时，大脑分泌出多巴胺，让小白鼠感受到激励。于是，它的大脑里形成了一个回路。

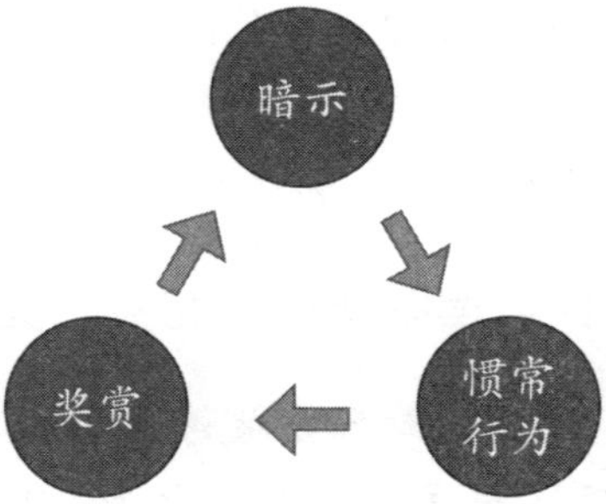

大脑的这个过程是由三步组成的回路。第一步，存在着一个暗示，能让大脑进入某种自动行为模式，并决定使用哪种习惯。第二步，存在一个惯常行为。第三步则是奖赏，让大脑辨认出是否应该记下这个回路，以备将来之用。

人类也同样如此，一旦奖励中心得到刺激，就深陷其中难以自拔。当然，我们身边这种刺激多得是，美食图片、杂志封面的性感人物、商品打折海报、彩票、电脑游戏，都会让大脑分泌大量多巴胺，促使我们行动。

这就是诱惑的来源。

我们经常听到这样的新闻，一些青少年连续奋战“魔兽世界”之类的游戏，废寝忘食，结果猝死于网吧。而法医的鉴定结果显示，“死者死于循环衰竭，其诱因可能与过度劳累以及饥饿有关”。就是说，他们不吃不睡，只想继续玩游戏，这就难免让我们联想到实验中力竭而死的小白鼠了。

我们可以这样设想，他们在玩电脑游戏时，“升级”和“获胜”随时可能出现，头脑里的奖励中心被打开，多巴胺大量分泌，虽然他并不感到快乐，但却受到激励，黏在椅子上起不来。因为很多人反映，玩游戏时，他们只感到疲惫，甚至有点无聊，却又挣脱不开。

除了电脑游戏的诱惑，网络、电视剧都能让人上瘾，让人没日没夜地逗留其中。比如微博、微信就很容易就陷入了这两个迷局，不停刷页面，回复评论，脸上挂着傻傻的微笑，就像小白鼠想再感受一次电击一样，而时间就这样极快地流逝了。

对于胸有大志的人而言，再没有比这个更让人丧气的了。明明志在蓝天，双脚却被杂草羁绊，心中难免焦躁，恨自己经不起诱惑，浪费了大好时光。

那么，我们怎样才能从这些诱惑中摆脱呢？

如何摆脱诱惑？充实心灵

请思考一个问题：哪些人最容易被诱惑，最容易游戏成瘾？带着这个问题，我们来看美国心理学家亚历山大做过的一个著名的老鼠乐园实验。

亚历山大把老鼠分了两组。一组的房舍宛如天堂，空间很大，色彩鲜艳，温度适中。在这里，老鼠玩耍、恋爱、哺育幼鼠，日子优哉游哉。这些老鼠，我们姑且叫做“天堂鼠”。另一组老鼠房舍狭小阴暗，拥挤不堪，食物不足。这里的老鼠，我们叫它们“地狱鼠”。

亚历山大的实验开始了，他们在每个笼子里放了两个碗，一碗是混有吗啡的糖水，一碗是普通的自来水。

起先，天堂鼠和地狱鼠一样，都兴冲冲地喝了吗啡，也喝了自来水。但随后就出现了不同，地狱鼠急切地需要吗啡，不时要来喝上几口。而天堂鼠喝水次数少，而且大都选择自来水。

结果数据显示，“地狱鼠”喝吗啡水的频率是“天堂鼠”的16倍。

原来，身处舒适环境，心情舒畅，便不需要吗啡。换句话说，如果我们过得充实，有目标，有动力，有成绩，在朋友、家庭中感到温暖，就不会让游戏和影视占据太多的时间，也绝不会成瘾了。

写到这里，我想到了神奇教师王金战的亲身经历。

他小时候天天和伙伴们打牌赌博。为了不被大人逮住，时常和伙伴窝在柴火垛里，顶着寒风，擦着鼻涕，玩得热火朝天。晚上就钻到地窖，点着油灯，有时候能打一个通宵。心里也后悔，但就是摆脱不了。

1978年，他想考大学了，兴趣开始转移，埋头读书。周末回家，他看到那帮小伙伴还围在马路边，坐在树荫下，打牌打得暗无天日，从心底为他们惋惜。一两个月前，他还是其中一员。可是，当他想考大学，享受到学习带来的快乐时，他突然很讨厌打牌，觉得那真是荒废青春、误人子弟。

多年以后，王金战名满天下，回到老家，看看童年的伙伴一个个饱经风霜、穷困潦倒，颇为感慨。有时候，他们谈起来：“哎呀，那个时候你和我们就是不一样，你玩的时候疯着玩，但是你真正学习的时候，又那么投入。”

所以，抵制诱惑的根源，就是做有意义的事情，并在其中得到快乐，否则诱惑会乘虚而入。我以前也说过，越是胸怀壮志，生活越是纯洁。

基于这个原理，我们可以用新的习惯，取代网络成瘾。

趣味测试&魔鬼训练之建立新习惯

当陈子轩想玩游戏时，其实是内心感到空虚，无聊，没有成就感，想要逃避可怕的高考竞争。而他已经知道，一旦沉醉到游戏中去，则可以暂时躲避，并得到相应奖励。

我们可以改变他的惯常行为。比如看一本好书，和同学聊天，甚至只是画一幅漫画。当然，最好是用学习来替代游戏，形成一个新的习惯回路。

这时，我们可以利用多巴胺，让它在我们学习时，而非游戏时分泌，激励我们向梦想前进。所以，我们的下一主题就是让多巴胺为学习服务。

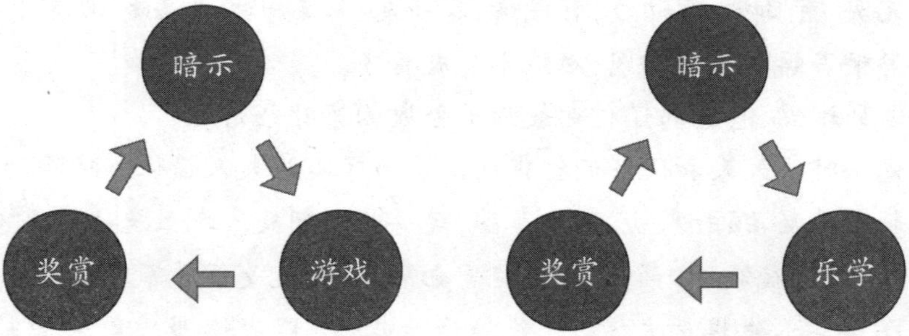

我对陈子轩的建议有两条：找到复习的兴奋点，外加及时的奖励；多设想高考成功而非失利的情境，给自己饱满的正能量。

第一，找到自己复习的兴奋点。

所谓兴奋点，就是学得带劲，有心得，有提高的时刻。在这个过程中，大脑会分泌多巴胺，给我们不断的激励。同时，当你专注于强项学习之时，还会出现"心流"效果。心流到来时，不仅学习效率高，而且会带来愉悦体验，激发学习的激情。关于"心流"，我们之前已有论述，现在按下不表。

总之，高考日益临近，在复习收获大的科目上多下功夫，给自己正面的刺激，是一种明智的选择。

当然，你会搬出"短板效应"来反驳我。不过我并不是要你放弃学习兴趣较差的科目，而是指合理安排复习时间，给那些可以成为兴奋点的科目更大的复习空间。

第二，把无聊事"多巴胺化"。

如果对于弱项，你的确提不起兴趣，但又必须去学，那么我们该试着把最不喜欢的东西"多巴胺化"。

再来看一个心理学实验。

人们一直用奖励承诺在克服不良嗜好。在戒酒戒烟的过程中，最有效的治疗法被称为"鱼缸法"。每个参与戒烟戒酒的人，每周都有机会从鱼缸中抽一张纸。一半的纸上写着1美元到100美元不等，还有一半写着"继续努力"。这也就意味着，你可能抽到100美元，最少也能得到一句鼓励的话。研究表明，83%可能拿到"鱼缸奖励"的病人坚持了整整12周的治疗，而使用普通疗法的病人只有20%坚持了下来。而且治疗结束后，使用"鱼缸法"的人更不容易故态复萌，尽管这时已经没有奖励承诺了。

这个试验表明，难以预料的奖励会有多么强大的力量。

所以，我们的"多巴胺学习法"就来了。

拿出一个鱼缸(当然也可以是一个盒子)。然后拿出一沓便签纸，写上一个个你想要的小奖励，诸如看一场电影，吃一次哈根达斯，买一本书，买一张邮票，等等。然后折叠好放进鱼缸里。当然，如果你没有这个经济实力，就争取家长同意，为你的小奖励买单吧。

然后，等你为梦想前进了一步，完成了讨厌的数学试题，或者成绩取得了进步，就犒劳自己一下吧，从鱼缸里抽一张纸条，得到相应的奖励。

我想，这样做，再无聊的事情也会让你觉得兴致盎然吧。而且当你认真做题，有了心得，取得进步，就会产生学习本身带来的快乐。

寻找同伴一起学习

常言道，独学无友，则孤陋而寡闻，实为至理名言。

一条古老的印度格言说："一个人总是变得像他所爱的那个阶层和群体。"中国也有"蓬生麻中，不扶自直；白沙在泥，与之俱黑"这样的至理名言。想想看，这些话多么有道理。因为我们总是受和我们在一起时间最长的人影响最深。

同消极悲观的人在一起，我们无形中也会变得消极。他们总是在喋喋不休地提醒我们不要做这个，不要做哪个，说出一大堆令人沮丧的话语来牵绊你的脚步。并且，他们还以为自己是一片好心。可我们听完这些话以后，很可能感到沮丧透顶，再无斗志了。

而同那些积极向上的人交往，你会有什么感觉呢？他们会激励我们发挥自己的长处，激发我们的思维，指出我们的缺点。总之，他们会让我们觉得焕然一新，浑身充满了力气，鼓起信心追求我们的理想。这样的朋友会给我们的生活增添无限的活力。

真正的朋友仿佛两根蜡烛，他们散发出光辉，互相照亮着对方。所以，我们要多交一些积极向上的朋友，远离那些使人沮丧消沉的人。这样，我们才能够更快地到达成功的彼岸。

所以，为了促进学习，你可以寻找同伴三五人，结伴学习，遇到难题时共同解决，心情不佳时互相安慰，身心疲惫时一同放松发泄，懒惰懈怠时互相监督。如此一来，自然能保证很好的学习效果，而且心情会保持轻松积极。

当然，我们有益友，肯定也会遇到损友。在这个世界上，当我们为理想奋斗，总会有人跳出来，仗着自己的人生阅历，将你的理想批判得体无完肤，让你油然地感觉自己真是幼稚，从而感到深深的沮丧。

就像耐克的一则广告里所说的那样："在你一生中，有人总以为你不能干这、不能干那。在你一生中，有人总说你不够优秀，不够强健，不够有天赋，他们还说你身高不行，体重不行，体质不行，不会有所作为。他们总说你不行。在你一生中，他们会成千上万次不耐烦地、坚定地说你不行。除非你自己证明能行。说做就做，耐克。"

所以，当你明确了方向，对于这些乌鸦嘴，你最好的选择应该是，借用他的怀疑来检测你的方案，但绝不要因此改变计划。

祝福你。

你的大朋友

倪甫清

11月3日

杨略看完了信，觉得对自己也颇为受益。毕竟，考试压力很大，教室里始终弥漫着紧张的气息，学习不可能处处有趣，更多时候是无趣的，他时常疲惫，但只能硬撑着。尤其是接连的几次测试，他发挥并不稳定，于是起伏跌宕的少年心情，完全被分数所左右。都是些琐事：一次考试不满意，顿觉天昏地暗，对自己的才华深抱怀疑；有时又春风得意，自觉天宇清朗，百般事体，无不称心如意。

这一切在一位女同学的身上表现得最为明显。她就坐在前排，平常是极开朗健康的，大大咧咧，号称女生中的帅哥。可每次模拟考试结束，都要痛哭一场，抽抽搭搭，半日方歇。在等待分数的时候，总是惶惶不安，坐卧不宁，用手轻轻地拍着胸口。那青春饱满的胸脯，本该朝气蓬勃，绚烂夺目，却因承载了过多的压力，脆弱得需要绑上铅条。终于拿到了被批阅的试卷，若是满意，脸上就绽放开一朵夸张的牡丹。若是不得意，就拿本书，数学考砸就拿数学书，语文考砸就拿语文书，使劲地敲打书桌，口中骂骂咧咧，骂至伤心处，就说："……以后可怎么办呢？"泗涕交流，声如颤丝。闻者感同身受，无不凄然。

不过，按照爸爸说的方法，应该会有效果，让多巴胺来激励自己。另外，结成学习小组，显然也是个非常可行的办法。

曾泉看了信，也极为感动，说了些感激的话，就打算用新的惯常行为——诸如看历史读物——来取代去网吧。

杨略说："大嘴，以后你、我、葛怡，还有陶坷坷，就是一个学习小组了。互相监督，互相学习。"

"太好了。不过，还有陈子轩呢？"

"你不妨先把信给他，看看他什么反应。"

陈子轩的反应颇为冷淡，看完了信，道了声谢，折起来还给了曾泉，神情依然是玩世不恭，趴在书桌上，独自画起漫画，不过是花月美女之类，完全是日系风格，瓜子脸，大眼睛，美发如云，又在旁边题了行诗，"美人如花隔云端"，而后默默发呆。

杨略叹息了一下，对曾泉悄悄说："他是富贵人家，估计前途无忧，所以咱就别去操心了。”

学校里的博士论坛还在继续。一连几周，每到周五下午，必有两到三人来演讲。这些人是精挑细选的，都能言善道，谈吐幽默，加上年纪又轻，不过20出头，顶多30来岁，和学生代沟不深，满口网络流行语，外加所讲的都是亲身经历，没有说教味儿，大伙儿一听就挺多胃口，会场里时不时爆出笑声。

这一回来了一个历史学的博士生，据说写过一本畅销书，关于民国女性，叫什么《那时花开》。曾泉被推为历史学权威，也颇有治史之志，所以对于此人的到来颇为期待。

杨略在一旁问他："你觉得，这历史学博士该是什么样的？"

"那还用说，肯定是特帅。"曾泉喜欢看电影，此刻脑海中浮现的形象，不外乎这样几种：一是李敖，戴金丝眼镜，风度翩翩，桀骜不驯；二是《夺宝奇兵》里的印第安纳·琼斯，身手矫健，气质狂野，出没于陵墓古刹之间。

陈子轩却说："我估计就是一老古董，眼镜厚得像瓶底儿，不到30就秃顶，满嘴的学术论文，屁股坐出痔疮，浑身的穷酸味儿。"他脑海中浮现的，其实是网上盛传的一组照片，本科时黑发茂盛，研究生时发际后移，读博时全然秃顶了。

曾泉捶了他一拳，陈子轩嘻嘻地笑。正在这时，一阵掌声后，主讲人走上台来，让所有人瞠目结舌。

那竟是一个年轻的女子，白皙的瓜子脸，双眸顾盼生辉，黑发披肩，衬得唇红齿白。粉红百褶领的衬衫，外套一件米色线衣，下身是一条牛仔长裙，朴素清新，行走时轻盈婀娜，落座时娴静如兰。只有一副黑框眼镜，透露出她的学历背景。

曾泉看得目不转睛。他虽然热爱历史学，但从未把历史学博士想得如此美好。如果在校园里遇到这样的女孩，他肯定会认为她是表演系，或是外语系，顶多是中文系。她要是说自己是历史系，听上去和自称体育系举重专业一样不可思议。

杨略也觉得此女美妙无比，情不自禁要联想起来。

女博士名叫隋思源，本是很中性的名字，但杨略觉得，被她的容貌一衬，名字就显得柔美异常。“隋”，多么少见的姓，飘然不群，带着久远的隋唐风韵。“思”，和她的冰雪聪明多么相符，读上去应当红唇轻启，贝齿轻合，精雕细琢，才能发出这个轻灵的声音。“源”字水气充盈，让人想到涓涓细流，想到宽阔的湖面，柔而圆的涟漪层层荡开，粼粼的都是钻石的光芒。

当然啦，他忘记了，以前《百家讲坛》里有一位主讲人，名叫周思源，却是一位精巴干瘦的颓然老者，自然不会让他有如此联想。

隋思源说起自己的求学史，不外乎从小喜爱历史，成绩又好，读了历史系，继而硕士，继而博士，顺风顺水，如今做博士论文，研究民国女性社会地位，尤以新女性为研究中心，诸如林徽因、孟小冬、陆小曼等等。平常工作，就是搜集材料，实地探访，发前人之所未发。

演说简短，于是到提问环节。大家对这美女博士情有独钟，不免充满好奇。

有一男生起身问：“大家把人类分为三类，男人，女人，女博士，你怎么看？”

隋思源笑靥如花：“读博只是缘于对学术的追求，与性别无关。至于学位太高，让别人或自卑，或嫉妒，就由他们去吧。”

曾泉也举了手，话筒传到他手上，他站起来时，脸膛通红，空有一副大嘴，平常伶牙俐齿，竟也结巴了。

“你，你以后的职业是，是什么？”

“我会在高校当老师。”

“那，那，有没有想过去企业，或自己创业呢？我们老师说，说过有很多房地产的老总，都是历，历史学出身，他们对历史走向有明确的判断，所以总能抓住商机……”

“暂时没有想过，当老师不好吗？”

“好是好，但收入很低啊。我有一个叔叔，30出头，就是大学讲师，一个月工资才3000块，还不够你买胭脂水粉的呢。”

他话说得多了，结巴就好了，嘴巴顺溜起来，不免有几分轻佻。杨略觉得他有些唐突美人，就暗暗在他大腿上掐了一把。曾泉却浑然不觉，他是满心的怜香惜玉，真诚地替着美人担忧。女孩子天生丽质诚可贵，但年岁一大，若不护肤保养，加上日子艰辛，免不了红颜易老，对镜哀叹。而现在不说做SPA，做理疗，单是买护肤品，就是一笔不小的开支。

隋思源低下头去，沉默了一会儿。

“有所追求，难免会有所牺牲吧。能做自己喜欢的事，不是最好的护肤品吗？此外，历史研究我当然喜欢，但不会占去我全部时间。我现在写着博士论文，但一有空，就去旅游，摄影，平常在杂志上写写专栏，偶尔出本书，收入不算高，但也挺滋润的。”

曾泉听了这话，如获至宝，道了声谢，坐了下来，肌体还保持着紧张，甚至有些抖颤，口中念念叨叨：“有所追求，难免有所牺牲。”像是得了真经，要反复吟诵的。其实这话也不过是常识，只是出自美人之口，陡然添了五色光彩，更具说服力。

他这样念着，忽然想到了一点。

“可是……”

他还想说话，但校长已经宣布讲座结束，他的声音淹没在如雷的掌声之中。他不肯罢休，看准了隋思源，从人群中挤向前去。

“隋，隋老师，还有一个问题。”

隋思源看见是他，就微微一笑。

“你说吧。”

“不管怎么说，女生社会压力小，可以选择自己喜欢的行当。但男生呢，以后得买房买车，生儿育女，没有高收入做保障，那怎么能行呢？你知道，社会很现实。”

“这是个大难题，我也很难回答。只能说，如果你遇到志同道合的另一半，难题本身就会消失的。”

隋思源说完，又是一笑，露出嘴边的小酒窝，就随着校长走了，留下曾泉愣在那里，直到杨略拍了拍他的肩膀。

“美女和你说什么了？”

“她说这是个大难题。”

这话没头没脑的，杨略有些困惑。陈子轩在一边打趣：“要个电话号码还是大难题啊。你小子别胡思乱想了，人家可是女博士，灭绝师太级别的。”

曾泉一改以往的嬉皮笑脸，并不理会，默默地往音乐厅外面走，和杨略说了始末。对于这种现实问题，杨略自然能理解。曾泉的父母文化不高，是工厂普通职员，在郊区住着，供他读书倒不成问题，但进一步的资助，比如买车置房之类，肯定是心有余而力不足。

杨略长叹一声。

“这个社会都疯了。把房价物价炒得那么高，又鼓吹男人就得买房，女人就得嫁给有房一族，而一份正经工作的工资又那么低，真是逼得人只有两条路了，要么当官，要么当老板，其他行当都让人没尊严啊。”

空气一下子沉重起来。自从今年入秋以来，天气一直阴沉，就算偶尔出太阳，眼前也是灰蒙蒙的，就像一个空空的蛀牙，痛也不尖锐，但钝痛一直不散，让整个脑子都闷闷的。

曾泉被凉风一吹，刚才的激动消退了。

“隋思源说，只要遇到志同道合的另一半，难题就不存在了。这是什么意思？”

陈子轩双手插在裤兜里，猛然踢出一脚，一枚石子射入灌木丛，喵呜一声，惊起一只黄猫，仓皇地蹿出来，钻进另一丛黄杨中去。

“意思就是说，找到一个不要房不要车，甘愿和你喝稀粥的老婆，你就不用做房奴，做车奴了。这听起来有道理，可这种老婆到哪儿找去？”

他总是一副玩世不恭的样子，但眉心紧锁，阴阴的都是心事。曾泉看他的样子，倒有些恼了：你不是富二代吗？说这话是寒碜我吗？口里却说："管那么多呢，咱大老爷们是替自己活的！"

其实陈子轩心里头五味杂陈，却又无人诉说。他唯一的解脱方法，就是沉醉到网络游戏里去。今天又是周五了，晚上自修课后，他独自走在背街的小巷里，一路想着酸楚的心事。没有月亮，天空呈现暗红色，像是新掉了痂的伤疤。

第九章

一味苦读会使大脑产生自我抑制，容易导致学习疲劳、降低学习效率，对考试非常不利。所以，我们要学习程朱诸子教人为学的方法："优游涵泳。"学习余暇，可以选择体育锻炼，也可以选择散步优游。落叶季节看黄叶覆地，春暖花开时看花瓣明艳、蝴蝶息羽。休憩片刻，再回到课本中去，肯定会有豁然开朗之感。

已是深夜，没有月亮，劳累一天的人们都熄灯入睡了，只有几盏路灯半睡半醒，在学校的围墙外昏黄地亮着。学校地处郊区，边上原有些农田，但已抛荒多年，生满了高高矮矮的乱草，春天时会开出各类杂花，但一到秋天，百草枯黄，只剩下一些驳杂的黑影，在夜风里摇晃起伏，发出沙沙的鸣响。

贴着墙角，隐隐约约走来一个人影，衣服裹得紧紧地，头缩进衣领里，包住了脸，既想借着路灯的光亮，却又似乎害怕，只是畏畏缩缩地走着。

此人就是陈子轩，刚刚从网吧里出来，趁着夜深人静，要跳过学校围墙，回到寝室去。他刚才玩的游戏是《生化危机》，里面经常出其不意地跳出一个僵尸，吓得他差点尖叫，心中狂跳不止。此刻一个人走夜路，眼前鬼气森森，阴风拂体，脑子里总是闪现出一些苍白扭曲的脸庞，脚都有些发软。

他走到了一个墙角。这里灯光幽暗，刚好避开监控，而且是围墙上面加栏杆，容易翻越。他平常是一个跳跃，手抓住栏杆，双脚跟上，就攀上围墙，再沿栏杆的横格爬到顶上，直接跳到墙内的草地上，可谓是神不知鬼不觉。

不过，今天他在墙角下看到一团白色物体，像堆着一个沙袋。估计是有同道中人为了翻越方便，特地放在这里的。

他低声骂了一句："真蠢，就不怕老师明天看见吗？"

他上前去挪动沙袋，要毁掉证据。不料，手刚搭上去，那沙袋却动了一下。他顿时吓得魂飞魄散，以为遇到了僵尸，大喊了一声，往后噔噔噔退了几步。

那物却说话了："别怕，是人，是人。"借着淡淡的灯光，陈子轩看清灰白外套中伸出一个脑袋，脸上胡子拉碴，头发乱如败棕。但这一看不要紧，他的心里像被锤子狠狠击了一下，如见鬼魅，仓皇地转过头去，慌手慌脚地爬上围墙，翻过栏杆，往下跳的时候，裤子被栏杆的尖顶钩住，刺啦一声，被撕裂了一大块。他立足不稳，摔倒在地上，扭伤了腿。

外面那人还喊："你怎么样，没事吧？"

陈子轩头也不回，站了起来，一瘸一拐，就往宿舍楼跑去。到了楼下，他又绕到后面，翻了一道围墙，才算进入宿舍楼，蹑手蹑脚到了六楼，悄悄用钥匙开了门，也不脱衣服，就在床上躺下，心里突突突地乱跳，这才感觉到腿上、身上都火辣辣地疼。

在接下来的几天，杨略和曾泉惊奇地发现，陈子轩忽然变得认真了，上课听得仔细，课后作业也都完成。偶尔想打瞌睡，就让同桌扭他一把，颇有些悬梁刺股的意思了。而晚上去网吧的事情，再也没有发生过。谁也不知缘由，杨略却暗暗得意，认为陈子轩的转变，应当归功于那封信。

“这子轩，尽管表面上玩世不恭，但内心还是受教育了。嘿嘿，这小子。”

于是找了个机会，他将陈子轩也纳入到自己的学习小组，一同切磋，互相监督。陈子轩得了他们的扶持，进步很快，而他也用自己的画笔，给小组增添了许多趣味。

他给小组的各位都封了神，而且画了像，面貌传神，但都穿了闪亮的盔甲，一个个都和圣斗士一般。比如杨略的语文成绩好，几次小测试都拿了全班最高分，于是被尊为“语文权威”，或是“文神”。但在陈子轩嘴里，就成了“瘟神”。以此类推，陈子轩开始华山论剑，评选武林至尊。陶坷坷走的地方多，地理学得好，就叫“地神”，又叫“土地公”。曾泉历史最佳，被称为“死神”(史神)，又称“司马迁”，考虑到司马迁的生理特征，陈子轩就会这样喊：“嘿，‘下面没了’，这题怎么做？”

有了这个活宝，班里充满了愉快的气息。陈子轩还说，要把他们的故事绘成漫画，拿去发表呢。杨略听了连声叫好，就帮他取了个名字，叫做《昨日星空》。在学习之余，兴致一来，陈子轩就画上几笔。杨略偶尔也帮他参谋参谋，编点故事情节什么的。高三的生活也有了几分趣味。

葛怡在语文方面颇为欠缺，于是他们的学习小组就发挥作用了。

她看着试卷上的成绩，脸色凝重，回过身来，说：“杨略，帮帮我吧。”

“没问题。”杨略把胸脯拍得很响。但具体怎么帮，他却犯了难。其实语文最需积累，杨略平常喜欢看杂书，又把课本里犄角旮旯的地方都看完了，比如每篇课文下面的注释啊，文言文后面的练习啊，所以肚里有货，而后融会贯通，才能得心应手。既然靠积累，他短时间内就很难帮上葛怡的忙了。

不过，杨略还是想了个法子。

他的方法是很笨的，每天从《新华字典》中找出难读的字，抄录在狭长的纸条上，空出拼音，名曰“一天一练”。抄好了，用圆珠笔戳戳葛怡，递了过去。葛怡接过来，低头一笑，就乖乖地完成，约莫十几分钟后，转过身来，将纸条递还给他，而后双手托腮，睁着黑亮的眼睛，看他一一批阅，看到打了个勾，她就一脸笑意，被打个叉，就锁紧了眉头，有时还会争辩一番。

“姽婳，不叫‘危画’吗？”

“这念‘鬼画’。”

“哎呀，”葛怡做寒战状，“真恐怖！是什么意思呢？”

“形容女子娴静美好。”说到这里，杨略就微笑着看葛怡的长发披肩，眉眼如画。葛怡知道他的用意，却吐了下舌头。

“都鬼画了，还美丽？”

杨略用手指在葛怡的脸上戳戳点点：“没错啊，你看，这鬼一画皮，可不就美丽了嘛！”

葛怡咬牙切齿，挥动粉掌，就落在他的肩头。杨略顿时身负重伤，咯了几口血，颤颤地指着葛怡：“化……化……化骨绵掌——”

当然，字典里也不都是这样阴森的字眼，当他抄到“缱绻”一词，故意在旁边注上解释：形容感情好，难分难舍。他将每个字都写得端正，心里有清泉在淙淙流淌。

杨略的数学算是短板，而幸运的是，这恰是葛怡的强项。所以一碰到疑难问题，杨略就觉开心，用圆珠笔戳戳葛怡的背：“这题怎么做啊？”

葛怡投桃报李，自然用心，转过身来，在草稿纸上详细地推演。有时也会卡壳，就用牙齿咬着下唇，眼眸转向天花板，静静地想一会儿。杨略在这时候就会走神，看着她白皙的面孔，纤长的睫毛，心思就不知飘到哪里去了，直到葛怡解出了题目。

“听懂了没有？”

杨略连忙点头：“懂了，懂了。”

“懂了就做一遍。”

杨略忙收回心神，刷刷地做题。若还是不会，葛怡就会用一阳指戳戳他的脑门：“真笨，你这一步得这样，加条辅助线，然后……”

这日子啊，真是一寸寸都是甜的。虽说高考凶猛，但杨略觉得这当中自有百转柔情。

其实到了高三，学校里雨后春笋一般，冒出许多小情侣，在校园里牵手而行，在食堂里相互喂饭。这令沙元振十分愤慨，在各种场合严厉批评，甚至率领一支校园纠察队，戴着红袖套，在校园里四处游走，一见学生有亲密举止，便立即上前制止。

学生们对此意见很大。

“这都什么年代了，还控制这个！”

“就是，这沙皮狗真是老古董！”

但沙元振不为所动，依然雷厉风行，他的名言说：“要谈恋爱，大学里谈去！”

似乎在他眼里，学校里都是地狱里受刑的恶鬼，高考就是最后审判，罪洗清了就飘然升天，没洗清的，就永世不得超生了。

上英语课时，杨略也感受到了沙元振的压力。他和葛怡一有眼神交流，沙元振必然阴沉着脸，叫他们中的一个站起来回答问题，让他们心惊胆战，不敢走神。

杨略对他的成见更深了。

不过，平心而论，他觉得沙皮狗的顾虑也是对的。情之为物，最是魅惑。若是两情相悦，且能互帮互助，那倒也罢了。若是我有情，她无意，免不了思之不得，辗转反侧，情绪波涛汹涌，哪里能安心读书？至于那些发乎性情而毫无节制之辈，就更不知该怎么办了。

幸好他与葛怡目前的状态，属于朦胧期，彼此都不点破，享受这种轻松和美的氛围。

他偶尔翻翻过去的日记本，里面记录了一个个难忘的时刻，让他看着看着，就静静地笑起来。

清晨。她跑进教室，洁白的身影，在他面前站住。教室只有他一个人，正安静地坐着。听到足音，他轻轻地抬头，目光相接，自然地凝住。两双好看的眼睛。两张年轻而干净的脸。听到心跳。甚至清晰地听见时光的齿轮，咔嚓，咔嚓，共有七秒。天朗气清。窗外飘进新刈的草坪的淡香。

今天她穿了黄白条纹套头衫，配左右两条辫子，宛如小蜜蜂，轻灵可喜。而我刚好穿了大红的外套。曾泉指指她，又指指我。“你准备招蜂引蝶？”她与同学玩闹，要躲避追杀，往后就跑，不小心和我撞了个满怀。曾泉在一边抚掌而唱：“小蜜蜂采蜜忙，幸福的生活哪里来……”

音乐教室。她在门内弹钢琴，我在门外聆听。声音空灵，像一尾淡蓝的鱼，在浅海自在地游动。缓缓前进，忽然加快，掠过珊瑚礁、海带丛，掠过卵石上的淡淡阳光。远去了，只余下细小的影儿了，一会又游回来。如此几个来回，越来越慢，仿佛凝住了一般，只有尾鳍偶尔摆动一下，带动一痕波纹，最后嗖地游远了，再不见踪影。只留下几个音符，水波般萦绕于我的脑际。

晚上得知，那曲子叫 I Miss You，于是特别想她，轻唤着她的名字。你想我吗？握着我的手。一连几夜都梦见我们春天去过的一座小山，开满了雪白的栀子花，铺天盖地的清香。她站在中间，高兴地闻着，却舍不得采。

如此等等，不一而足。

不过这些风景，在高三就极少出现了。进入高三，同学们都学疯了。大家每天除了吃饭睡觉，就是复习应考，体育运动基本绝迹。就拿午饭后来说，原是午休时间，但教室里无人戏耍，刷刷地只是啃书。葛怡也每天埋头做题，课间玩闹啊，琴房弹奏啊，似乎完全与她绝缘了。

最近葛怡身体不好，气温骤降时，她被凉风一激，当晚就喉咙发痒，继而就头痛了。次日勉强来到学校，却是昏昏沉沉，渐觉鼻子发酸，清涕直流，外加喷嚏连连，座位边上全是团掉的纸巾。

杨略看在眼里，自然心疼，戳戳她的后背，关切地问道："吃药了吗？"

"吃了，没用。"

"去医院吧。"

"咳嗽几声就上医院，我也太脆弱了吧？再说了，卷子都做不完呢！"

杨略看着眼前堆积着的卷子，无奈地叹了口气。

这样又拖了两天，这天上午，葛怡喷嚏少了，鼻涕也黏稠了，精神好了些，脸颊红扑扑的。她得意地对杨略说："你看，这不好了吗？"

话音未落，她就觉得喉咙发痒，喷出一串咳嗽，持续时间之久，让杨略觉得撕心裂肺。

"葛怡，还是去医院检查一下吧。"

"没事，我买了止咳糖浆。"

抽屉里装满了药，治感冒的、消炎的、止咳的，林林总总。为了让病早些好，她每样都加了分量。虽然知道是药三分毒，但为了高考，只能委屈一下身体了。她念叨着，现在生病实在太奢侈了，等高考后，再慢慢生病吧。

杨略也觉无奈。可葛怡一咳嗽，他就揪心，恨不能以身相替。而且，身体这样虚弱，能应对接下来更高强度的备考吗？但看着葛怡认真地做题，他不忍心说这些不祥之语。不过，他总得想个办法。

晚上回家，他收到了爸爸的邮件，谈的主题是自控力的第九讲，但内容所及，却与葛怡的目前处境十分相符，他看了非常振奋。

第九课　劳逸结合，科学使用自控力

亲爱的杨略：

见字如面。

中国有句俗话，叫做“不怕慢，只怕站”，认为延长学习工作时间就可以多收些效果。比如说，一天能走一百里路，多走一天，就可以多走一百里路，如此天天走着不歇，无论走得多久，都可以维持一百里的速度。但是真正走过长路的人都知道，这是不可能的。走久了不歇，必定愈走愈慢，以至完全走不动。

金秋时节，两个农民正在收稻子。其中一个一直弯着腰收割，连头也不抬；另一个则不时在田埂上休息一下，哼哼歌，唱唱曲。傍晚，他俩比谁收割得更多。结果让人意外，那个哼歌的农民获胜。埋头割稻的农民不服气了，抱怨说：“凭什么啊，我可是一刻不停地收割！你看，镰刀都割钝了。”

另一个农民笑了笑说：“休息的时候，我在磨镰刀啊。”

其实，他岂止是磨镰刀，也在休整身体呢。他是知道如何科学使用自控力的。

自控力有哪些敌人？

心理学家鲍迈斯特曾说，自控力的敌人有许多，因为我们的脑子里始终有许多念头，当我们要写作，却容易被网页上的新闻吸引，当我们要节食，却对着美食海报流口水。不过，这些都是可以通过意念来控制自己，而如下几条，却是自控力的天敌，靠意念也无法战胜。

首先，饥饿。

因为自控力需要葡萄糖做燃料，所以一日三餐必须保障。应付重大挑战，更要及时补充足够的葡萄糖。比如考试之时，带点糖果，能提高血液里葡萄糖含量。但在平时，则要选择低血糖的食物，因为血糖指数高的食物会让葡萄糖在你体内迅速上升或者下降，结果就导致经常缺乏葡萄糖，进而缺乏自控力，难以抵制身体从其他东西中再一次补充葡萄糖的冲动。为了保持稳定的自控力，最好吃血糖指数低的食物：大多数蔬菜、坚果、很多生水果、奶酪、鱼、肉、橄榄油等。

其次，压力。

当我们感到巨大的压力，就会伴随着强烈的焦虑，就像孤身走在森林里，随时可能有猛兽出没。为了应急，大脑就把能量储存起来，以备不时之需。但大脑的前额皮质本是耗能大户，这时就被关闭了。当前额皮质因为供能不足，自控力就锐减。这时的我们容易情绪失控，没有耐心，更不能安心学习。如何处理高考前的压力，我将在下一课中认真分析。

第三，睡眠不足。

说来也怪，现代人有了便捷的交通工具、通讯工具、搜索工具，应该有大把大把的空余时间，享受充足的睡眠。可实际情况是，无论是学生还是上班族，睡眠时间都越来越少。有人是作业做不完，有人是关不了电脑。但睡眠不足，会缩减自控力，效率降低，从而进一步减少了睡眠时间。

第四，身体病弱。

如果我们生病，自控力都消耗在克制痛苦上了，哪里还有足够的自控力促进学习呢？所以抱病工作，抱病学习，精神可嘉，但方法实在不可取，既对身体不负责，而且也全无效率，何必呢？所以有病必须治病，没病也需强身。

很多学生进入高三后，就拿出悬梁刺股的劲头，废寝忘食，挑灯夜战。似乎睡得越少，学习时间越长，就能学到更多东西。如果你是机器，情况的确如此。很不幸，你是个肉体凡胎。身体劳作得久了，还得休息。脑子当然也是如此。

针对他们的情况，我给了四条建议。

充足睡眠激活自控力

上文讲过，睡眠不足会影响身体和大脑吸收葡萄糖，而葡萄糖是能量的主要存储方式。细胞若不能获得足够的能量，就会感到疲惫，没精神。同时还会烦躁，丧失自控力，无法集中注意力。所以这时看书做题效率极低。

而此时你的身体和大脑急需能量，你就开始渴望甜食，想摄入咖啡因。可遗憾的是，就算你食用了甜食和咖啡因，身体和大脑没办法吸收其中的葡萄糖，于是陷入了恶性循环，自控力持续下降。另外一个惨绝人寰的后果是，这么多葡萄糖没能被吸收，都变成脂肪堆积起来。

所以，牺牲睡眠，钉在椅子上努力读书的人，慢慢就坐成了一个没有效率、成绩不好、内心自卑的胖子。要知道，不休息的工作才真是浪费时间。

所以，当你累了，困了，就别喝红牛了，你就睡觉去吧。好汉睡吧，睡吧，不是罪，再强的人也有权力去疲惫，就这样蒙头呼噜呼噜大睡，睡醒了才有力气追求完美。一个晚上充足的睡眠，就能有效恢复自控力。此外，当你做题累了，趁课间五分钟，打个小盹，也能让你集中注意力，提高学习效率。

身体孱弱，思想也行之不远

心理学家梅甘·奥腾和生物学家肯恩·程经过多年试验，提出了一个新型疗法，效果极佳。参与治疗的24人，男女老少都有。经过两个月，他们的自控力有所提高。他们吃的垃圾食品少了，吃健康食品的时间多了。看电视的时间少了，看书的时间多了。情绪失控的时间少了，做事的效率高了。

那么，他们到底用了什么法宝呢？难道有什么特效药吗？

谜底说出来让人大跌眼镜。他们的方法，不过是锻炼身体。

这些人原本没有锻炼的习惯，但进行治疗后，就被要求锻炼。最初一个月，每周锻炼一次。他们可以自己选择锻炼项目，跑步，骑车，耍剑，都行。连时间都不限，只要五分钟以上就行。到了第二个月，他们每周锻炼三次。

治疗结果表明，锻炼让他们的生活充满了活力，也获得了更强大的自控力。15分钟的跑步机锻炼就能有效地改善心情，缓解压力，也能降低巧克力对减肥者的诱惑力。

这是不是特别简单易行呢？

其实，关于体魄和自控力的关系，美国总统西奥多·罗斯福最有说服力。

他很符合海明威笔下的硬汉形象，高大威猛，雷厉风行，可以被毁灭，但不会被打败。不过他从小就患有哮喘病，一旦发作，像是喉咙里塞了棉花，上气不接下气，几小时甚至几天也不见好转，让人感觉胆战心惊，怀疑他马上要窒息了。

尽管体弱多病，他却聪颖无比，思维敏捷，过目不忘。从小就喜欢观察动物，9岁时根据自己的观察心得，竟然有介事地写起了《昆虫的自然历史》。父亲也因势利导，推荐他看了许多书籍，知识日渐丰富。但身体依旧是大问题，疾病让他终日愁眉苦脸。医生建议他不能做剧烈运动，否则哮喘将会加重。而他也乐得如此，每日沉浸于书海之中。

12岁时，父亲把他叫到书房。

"西奥多，"父亲说，"你有健全的头脑，但没有健康的体魄。没有好的身体，智慧也行之不远。"

父亲的话简练锐利，振聋发聩。小男孩听进去了，随后报名参加健美操训练，在健身房举哑铃，做单杠，击沙袋，尝试各种方式增强体质，并从此爱上了体育锻炼，练就了一副好身板。他积极参加户外运动，野外生活培养了狩猎的爱好。就这样，在日复一日的磨炼下，昔日瘦弱的少年不见了，人们见到的是一个器宇轩昂的男子汉，一个充满了野心与活力的硬汉。

几年后，父亲带他去非洲旅行，他穿过一片又一片的沼泽地，第一次遇到极限挑战：孤立无援，举目荒凉，随时可能陷入沼泽。他的体力濒临耗尽，却硬是挺了下来，抵达终点。这次经历证明锻炼起了神奇的效果，让他成为一个真正强壮的男人。同时，也培养了他永不服输的毅力。进哈佛读书时，他已经是一个体格健壮、生龙活虎的小伙子了。

少年时代的身体锻炼至少给他带来三个好处：一是充沛的精力；二是坚强的意志；三是对体育运动的终生热爱。罗斯福在拳击、划艇、打猎、骑马、探险、打球方面的兴趣甚至还成为象征，一种个人通过体能扩张改变命运的象征，一种阳刚政治家铁腕治国的象征，一种美利坚民族走向世界、积极进取的象征。

在阳刚总统西奥多·罗斯福的带动下，一时失去方向、文化沉沦的美国迅速恢复了元气，重新找回了充满活力的阳刚国家的感觉，成长为世界第一强国。

试想一下，西奥多·罗斯福要是没能锻炼身体，那么长大以后会是怎样的场景呢？在狭窄的书房里，坐着成年的西奥多。瘦长的躯体，顶着一个大脑袋。脸色苍白，带着因哮喘而致的不健康的酡红。再好的衣服穿在身上，也只像挂在衣架上，干干瘪瘪，飘飘摆摆。手里握着书卷，努力要读，但苦于疾病，不能聚精会神，只能浮光掠影，一本书翻完，也没有多少文字可以铭刻在心。其实即便把真理牢记了，凭着自己孱弱的身体，哪里有力气去实践真理呢？到头来也只是纸上谈兵罢了。

所以，拥有强健的体格，才会有充沛的精力，坚定的意志，辉煌的前程。

来一点优游之心

一味苦读会使大脑产生自我抑制，容易导致学习疲劳、降低学习效率，对考试非常不利。所以，我们要学习程朱诸子教人为学的方法："优游涵泳。"这四个字含有妙理，它所指的工夫是猛火煎后的慢火煨，紧张工作后的潜意识的酝酿。要"优游涵泳"，非有充分休息不可。你可以选择体育锻炼，也可以选择散步优游。如果是落叶季节，可以看看黄叶覆地的美感。春暖花开时，可以站在樱花树下，看花瓣那样明艳，看蝴蝶轻轻息羽。你肯定由衷感叹，能活在这珍贵的人间，是多么幸福的一件事情！

休憩片刻，再回到课本中去，肯定会有豁然开朗之感。

我的工作经常需要创意。比如想一句广告词，想一个别致的策划案。一般我都是这样做的，先搜集大量材料，全面阅读，集中精力想上一阵，如果暂时没灵感，也不绞尽脑汁，而是将之放在一边，气定神闲地先做它事。奇妙的事情就发生了。海子在《房屋》一诗中写道：

你在早上
碰落的第一滴露水
肯定和你的爱人有关
你在中午饮马
在一枝青丫下稍立片刻

也和她有关
你在暮色中
坐在屋子里，不动
还是与她有关

爱到深处，爱人身化千亿，无处不在。其实创意也是如此，当我脑海中有个想法，看书，读报，聊天，逛街，看电影，都会与那个想法相碰撞，于是突然有一刻，碰出灿烂的火光，那种感觉，真是“两岸猿声啼不住，轻舟已过万重山”，说不出的轻快欣喜。

这说明，有意识作用的工作需要退到潜意识中酝酿一阵，才得着土生根。通常我们在放下一件工作之后，表面上似在休息，而实际上潜意识中那件工作还在进行。

朱光潜说：“比如我们学写字，用功甚勤，进步总是显得很慢，有时甚至越写越坏。但是如果停下一些时候再写，就猛然觉得字有进步。进步之后又停顿，停顿之后又进步，如此辗转多次，字才易写得好。习字需要停顿，也是因为要有时间让筋肉技巧在潜意识中酝酿凝固。习字如此，习其他技术也是如此。休息的工夫并不是白费的，它的成就往往比工作的成就更重要。”

韩寒说过，他的成功源于他“懒”。这当然属于语不惊人死不休，其实他的原意就是陶渊明说的“勤靡余劳，心有常闲”，既辛勤劳作，又宁静冲淡，才是学习的最佳状态。懂得休息，才懂得奋进。而世上有那么多人，为人忙为己忙，终日无闲，如机械一般辛苦辗转，结果难有真正的事业。我们的学生若能在关键时刻张弛有度，那么日后面对任何挑战，都有从容不迫的气度，终能获得大成就。

享受当下，旅途处处有风景

苏格拉底和拉克苏相约去远处高山旅行。据说那里风景迷人，引人入胜。但那座山太遥远了，他们走了很久，也没有走到。

拉克苏坐在路旁，沮丧地说：“前面的路都白跑了，那地方根本到不了。

我们真是瞎耽误工夫。”

“瞎耽误？这一路的风景，难道你没有看到吗？”苏格拉底掸了掸身上的尘土。

“我光顾着赶路了，哪有工夫看风景。”拉克苏一脸尴尬。

“哦，那太可惜了。”苏格拉底说，“当我们追求一个遥远的目标时，一定不要忘记：旅途处处有风景。”

所以，训练专注力，除了提升学习效率，还能让人享受当下。当下是我们所拥有的一切，生活只存在于当下。珍视它，祝福它，感激它，体验它。不论你在做什么，都要充实地生活。

乔斯坦·贾德在《纸牌的秘密》中写过一段优美的话语：“我们内心深处，都有一个活蹦乱跳、睁着一双大眼睛、对人生充满好奇的孩子在活着。尽管有时候我们会觉得自己渺小卑微，但是，切莫忘了，我们每个人的肌肤下面都隐藏着一小块黄金：曾经，在这个世界上，我们是一个洁净无尘、心如明镜的赤子……”

世界充满玄妙，一花一草，都神奇无比。人生充满美好，每时每刻需要我们用心去欣赏。

佛家所谓修行，就是吃饭时吃饭，睡觉时睡觉，活在此时此刻。在人间四月天，我走在校园里，看到一树海棠，开得那样明艳，于是站在树下小立了片刻，看蜜蜂振着翅膀，在花间飞舞，看细小的花瓣，轻轻地滑落，一片落在面前，另一片落在我的童年，于是想起了无边的往事，心也变得粉嫩了。

辛勤的学生如果能在做题的空闲时间，站起身来，去四处走走，看青草如何从地底冒出，像大地放射的绿色光芒，听听清脆的鸟鸣，感觉到清风抚摸着皮肤，肯定会觉得陶醉，身心为之放松，心态为之平和。这样的时刻，我们不想过去，不想未来，就静静地观赏雾气弥漫、行人来往、清风吹拂，思绪就从无休无止的奔波中停步，内心得以安恬富足。

其实，拥有这种“活在当下”的心态，就算你坐在嘈杂的公交车上，也可以观察露水在玻璃上的绘画，聆听车轮碾着马路、晨风透过窗户的音乐，就能从焦虑中解脱出来，内心涌出柔和的愉悦。等你收起心神，继续去做题，也应该会更有效率。

我理想中的人生，应该通过探索，行走在适合自己的道路上，非常努力进取，一步步发挥自己的潜能，获得公认的成绩，从中得到极大的精神享受。同时又善于生活，在细节上精心雕琢，有时愿意将手头的事情放下，去大自然里走走，看大山，观星空，心灵变得宁静、滋润、富有诗意。

你能认同吗？

趣味测试&魔鬼训练之放松身心篇

专心呼吸是一种简单有效的冥想技巧，它不但训练大脑，还能增强自控力。它能减轻你的压力，指导大脑处理内在的干扰（比如冲动、担忧、欲望）和外在的诱惑（比如声音、画面、气味）。

1.原地不动，安静坐好。

坐在椅子上，双脚平放在地上，或盘腿坐在垫子上。背挺直，双手放在膝盖上，冥想时一定不能烦躁，这是自控力的基本保证。如果你想挠痒的话，可以调整一下胳膊的位置，腿交叉或伸直，看自己是否有冲动但能克制。简单的静坐对于自控力的冥想训练至关重要，你将学会不再屈服于大脑和身体产生的冲动。

2.注意你的呼吸。

闭上眼睛，要是怕睡着，你可以盯着某处看，比如盯着一面白墙，但不要看家庭购物频道。注意你的呼吸，吸气时在脑海中默念"吸"，呼气时在脑海中默念"呼"。当你发现你自己有些走神的时候，重新将注意力集中到呼吸上。这种反复的注意力训练，能让前额皮质开启高速模式，让大脑中处理压力和冲动的区域更加稳定。

3.感受呼吸，弄清自己是怎么走神的。

几分钟后，你就可以不再默念"呼""吸"了。试着专注于呼吸本身，你会注意到空气从鼻子和嘴巴进入和呼出的感觉，感觉到吸气时胸腹部的收缩。不再默念"呼""吸"后，你可能更容易走神。像之前一样，当你发现自己在想别的事情时，重新将注意力集中到呼吸上。如果你觉得很难重新集中注意力，就在心里多默念几遍"呼"和"吸"。这部分的训练能锻炼你的自我意识和自控能力。

刚开始的时候，你每天锻炼五分钟就行。习惯成自然之后，请试着每天做10~15分钟。如果你觉得有负担，那就减少到五分钟。每天比较短的训练，也比把较长的训练拖到明天好。这样，你每天都会有一段固定的时间冥想，比如早晨洗澡之前。如果你做不到，可以对时间进行适当的调整。

试试看，这个方法可以有效放松，同时能增加自控力。

祝福你。

你的大朋友

倪甫清

11月10日

杨略觉得爸爸已不仅在指导自己高考，还在指导长久的人生之路。进取与优游相容，学业与体魄并举，这是成大事者必备的素质啊。他排除焦虑，双手置膝，闭目冥想，关注着一呼，一吸，起初心猿意马，说话声、脚步声、鸟鸣、心中牵挂之事，都牵引了他的思绪。但他并不着急，轻轻将思绪收回到呼吸之中，渐渐心境平和。三分钟过后，睁开眼睛时，但觉神智清明，思虑宁静。

次日，葛怡也看了信，对睡眠与自控力的关系深有感触。

"看来，我睡眠不足，好像多了点时间学习，其实是损害了自控力，学习时不能专注，做题没效率，就更没时间睡觉，真是恶性循环啊。"

她才说了一句话，又开始了咳嗽。她虽然吃了不少药，但咳嗽频率愈加高了，常常咳得弯下腰去，半晌才能止住，而且每次都声如裂帛。

杨略说："别硬撑了，中午我带你去医院！"

葛怡没办法，也只得同意了。吃过中饭，杨略和葛怡打了辆车，到市一医院找到了杨略妈妈。杨妈妈用听诊器听了一会儿，脸色有些凝重，说："葛怡，怎么现在才来啊？"

葛怡和杨略的心都沉了下去。

"怎么，很严重吗？"

"肺部呼噜呼噜的，肯定有炎症，但情况到底怎样，得先去拍个胸透。”

拿到胸透片后，杨妈妈指着左肺位置，说：“你看这儿，这儿，有不少阴影，说明炎症相当严重。你得住院两天。”

葛怡一阵咳嗽之后，焦急地说：“住院？那学校里怎么办？”

杨略说：“我给你请假。”

“眼看就要期中考试了，这个节骨眼上，我怎么能住院呢？”

杨妈妈说：“葛怡，你现在要多休息，住院观察更好啊。”

“可我真的没时间。”

杨妈妈沉思良久，说：“那这样吧。你把药水都配回去，每天到校医院打吊针，记得，每天两次。一有情况，马上来找我。”

葛怡答应着，杨略陪着她付款，去药房取了药，拎着瓶瓶袋袋走进注射室，开始打吊针。杨略在一旁陪同，葛怡让他回去，他也不听。他们很少有这样单独相处的机会呢。

“葛怡，你最近休息不好吗？”

葛怡叹了口气：“也不是休息不好，我是舍不得休息。”

杨略听了不由沉默。都是同学，自然同病相怜。葛怡说：“下课的时候，我也想起身休息一会儿，却怕耽误时间，被别人超过了。你说我傻不傻？”

杨略点点头，说：“嗯，你是个小傻瓜。”

葛怡浅浅一笑，抬起头说：“杨略，你说，这多可怕啊。明明是同学，却成了竞争对手。下课的时候，如果有人起身去玩，我也会心动，但如果这个人成绩不如我，我就不动，重新钻到题海中去；若是他成绩和我差不多，我就觉得多学一会儿，就超过他了。总之，我就是一刻也不敢松懈。”

葛怡又咳嗽了一阵。坐旁边的一位阿姨回头看了一眼，明显露出厌弃的表情，倒是没说话，却掏出纸巾，在肩膀上擦了一擦。葛怡和杨略面面相觑。

葛怡说：“杨略，你离我远一点吧，免得把你传染了。”

“要是传染我那就好了，病毒转移，你就恢复得快一些。”

两人相对一笑，心里都有无限温暖，静静地坐了一会儿，谁也没说话。

“葛怡,你说,你都名列前茅了,还这么拼命,图什么呢?”

“前茅?哼,我妈妈还觉得我不思进取呢。她说了,班里排第三,全校只能排30,放在全省就是几千名了,这距离我妈的目标还很远呢。”

杨略有些哑然。葛怡妈妈目光远大,视野开阔,要女儿向全省考生开战啊,难怪风声鹤唳,触目皆敌。

“你妈妈有什么希望?”

“自从前年她一个八竿子打不着的亲戚小孩考了个全市状元后,她就希望我考全省状元。有时她为了给我压力,就会说,那个状元每天复习到晚上12点,每周做了多少套题目。另外,她还制定考生食谱,外加一些健脑补品。可我一点都不习惯。”

杨略叹息了一声:“真是一片苦心啊。”

“谁说不是呢。”

“所以你就越来越拼命了?”

“有什么办法,可这学期成绩非但没提高,还下降了。唉,我觉得万分沮丧,好像所有的努力,都付诸流水,没能在成绩单上显示出来。”她看着注射器里一颗一颗滴下的水珠,轻轻地说:“所以我只能花更多的时间去学习,晚上越睡越晚,看书看到头晕脑涨。我前两天做梦,老是梦见自己高考,结果不是忘了带准考证,就是面对考卷脑子一片空白。现在倒好,连身体都抗议了。”

杨略看着葛怡精致的脸庞,苍白中略微有些淡青,不像以前那样红润可人,不由黯然神伤。

“葛怡,我给你念首诗吧。”

“是你写的吗?”

“嗯。”

“是写给我的吗?”

“嗯。”

葛怡露出最美丽的笑容:“大诗人,念吧。”

杨略轻轻握住她的手。那手纤巧,洁白,但有些冰凉,像白色的琴键。

葛怡羞红了脸，但却没有把手收回。他们从初中就同学，虽然从未表白，但彼此倾心，外在形式似乎已不需要了。他轻轻地念起来：

你说我们都是稚气未脱的孩子，
怀抱童年，不忍放弃。
多好啊，我们化身流水或芦苇，
在茫茫宇宙占有小小的土地。

在音乐里恬然地闭上眼睛，
或仰头观看高洁的流云，
那样宁静，只有两颗心
像白鹭，缓缓划开空气的透明。

这是欢乐的极致，时间停止奔波。
它坐在河岸，听晚风轻轻吹着，
然后听我们诉说自己的童年，
麦香，流萤，在年轮中微微闪烁。

时间啊，请绕开这两个孩子，
让我们轻快地走着，互相偎依。

杨略念着念着，就掉下眼泪。葛怡听着这美好清新的韵律，支着下巴，陶醉了，听完了，还静静回味了一会儿，才说："写得好美啊，像一首钢琴曲。"

杨略拨弄着她的手指，说："没错，葛怡，这首诗，就是高二时听你弹琴时写的。我记得那首曲子是《献给爱丽丝》，我把那种舒缓的柔情，化作诗歌的节奏了。"

葛怡的脸蛋从苍白中透出了红润，眼眸中隐隐闪着水光，清亮地凝视着杨略，轻声地说："我现在觉得，生病也挺好的。"

"瞎说，生病有什么好的。"

"当然好啦，忙里偷闲，可以不用看书，就这样无所事事地坐着，和你说说话，听你读读诗。"

"以后我们会有很多这样的机会，还可以去很多地方旅行，草原啊，大海啊，然后我们就无所事事地坐着。"

"嗯，那样多美。"

"不过，你一定要有好身体啊，否则走几步路就喘，吹点海风就感冒，那可就大煞风景了。"

"呵呵，不会的啦。等这回病好了，我一定保证睡眠。"

"还要锻炼！"

"行，锻炼。"

"每天！"

"每天！"

第十章

如果把人比作一张琴，完全不焦虑，不紧绷，琴弦就会松弛，拉不出声响。如果焦虑过甚，琴弦又容易绷断。只有在良性焦虑中，琴弦上才能飞出快乐的黄莺。所以，我们的内心要保持适当的焦虑。面临考试，需要一个目标，既有挑战性，又不是太高远，让自己处于良性的焦虑之中，这样才能催促自己努力，并在考场中超常发挥。

等葛怡身体恢复，杨略就约了陶坷坷、曾泉、陈子轩一起运动。下午的第四节后，就算作业没完成，也都先抛开，全去操场跑步、打球。少男少女们玩得大汗淋漓，脸蛋红润，就恢复了天生的那股活泼劲儿。稍事休息之后，再一同去吃饭，一路欢声笑语，高考紧张气氛就被冲淡了。晚自修之后，回家也尽早睡觉。葛怡终于舍得在课间四处走走，或者冥想三分钟了。

这样一来，貌似学习时间比以往少了，但由于运动促进了血液循环，大脑营养充分，运转灵敏，听课做题更为专注，外加精神愉悦，学习效率反而提升许多。

其他同学见了，也都参与其中。欧阳老师更是积极鼓励，时常与他们一同打排球。一时之间，高三(六)班运动成风。教导主任沙元振有几回傍晚时分来到他们教室，发现空无一人，不由大大生气，怕他们玩得心野了，收不回来，就把欧阳老师叫了去。

“欧阳老师，让你这么年轻的老师担任高三班主任，这是学校里从未有过的，充分说明学校领导对你的信任。可你现在呢，教室里居然不见人影，这是怎么回事？”

“哦，我让他们锻炼去了。年轻人嘛，出出汗，有好处。”

“要锻炼可以早起半小时去跑步嘛，怎么能用下午这个学习的黄金时间呢？”

“他们晚上睡眠时间本来已经不够了，”欧阳老师笑着说，“要是再早起，那可真吃不消了。”

“吃不消？哼，现在成功人士都只睡五个小时。”

“可学生还是青少年！”

“青少年怎么了？高考之前，就得拿出闻鸡起舞、废寝忘食的劲头来！”

欧阳老师心头腾得冒起了一团火，但他毕竟是成年人，不会拍案而起，而是生生地按捺下去。但脸上的肌肉，已经有些僵硬了。他压低了声音说：“主任，我向您保证，他们去锻炼肯定不会影响学习的。”

沙元振冷笑了一声。

“你保证？学生的前途，是可以拿来赌博的吗？”

欧阳老师看着沙元振的那张老脸，心里在想：“哼，你也配谈学生前途？对你而言，学生不就是考试机器，是你向上级邀功请赏的筹码吗？”他到底有些按捺不住了。

“难道学生的前途，就只有分数，不要身体吗？”

“偷换概念！谁说不要身体健康了？他们年轻轻的，精力旺盛，记忆力好，不趁机多学点，考个好分数，以后还来得及吗？哼，要锻炼，读大学了，有的是时间。”

“主任，你难道忘记杜雪兰的事情了吗？”

杜雪兰就是前年全市的高考状元，也就是葛怡妈妈那个远方亲戚的女儿，至今仍在学校的光荣榜上露出瘦小胆怯的微笑。在校方正面宣传中，她是学习刻苦，锐意进取，坐得住冷板凳。可在师生中流传的，则是另一个版本。她成绩虽好，但体弱，孤僻，戴一副近千度的眼镜。高考后，因为成绩好，声名在外，于是有医疗机构奖励她免费做激光治疗。手术后，眼睛暂时好了，可一年之后，左眼晶状体断裂，完全失去视力，右眼视力也急剧下降，从北大休学在家，已形同废人。

“我们想要培养的，就是这样的学生吗？”

沙元振一时哑然，双臂抱在胸口，漱了漱嗓子，吐出一口浓痰。

“她那是特殊情况。”

“那陈宇恒呢？”

陈宇恒曾蝉联年级理科第一名，每天读书至12点，白天为了保持清醒，早读时都要站着，而且不断给自己加压，立志要成为人中翘楚，被学校立为典范。高三时，每次模拟考试结束，他总是惶惶不安，坐卧不宁。终于拿到成绩，若是满意，就哈哈狂笑。若是不得意，就拿本书，数学考砸就拿数学书，语文考砸就拿语文书，使劲地敲打书桌，口中骂骂咧咧，甚至涕泗横流。离高考前三个月，他开始对着旁边的空气说话，而且表情惶恐，让同学们十分害怕。在一次模拟考试时，他忽然起身，扑在试卷上，大喊："别，别来抢我的试卷！"他立即被送到精神病医院，确诊患了精神分裂，错过了当年高考。出院后，终日精神恍惚，目光呆滞。

沙元振说："陈宇恒是精神分裂，这种病，都是家里有遗传……"

"可他要是能锻炼身体，注意放松，精神能出问题吗？"

"哼，林子大了，什么鸟都有。这样的学生，哪个学校没有几个？你怎么不说说，这五年来学校的高考录取率连续达到100%，重点率也达到了86%，在全省名列前茅。要不是我们管得严，能有这样的成绩吗？"

说到这里，沙元振的每一条皱纹都辐射出明亮的油光。他知道，只要拿出辉煌的录取率，就可所向披靡。而高考战车上掉落的几个小钉子，实在是无伤大局，大可忽略不计。他的身体似乎在不断膨胀，办公室的空间越来越小。他挥动着手臂，唾沫星子从嘴角里溅出来。

"哼，没有录取率，谁来读我们学校？谁给我们发奖金？一句话，高考考不好，一切都免谈！别跟我扯什么虚的。"

欧阳老师一时也无以应对。他承认这是现实，自己一腔的书生意气，满脑子的教育理念，碰到现实问题，只能撞个粉碎。他默然无语，最后说：

"我向您保证，我们六班的成绩，肯定会拔尖的。"

"哼，我暂且让你们锻炼，马上要期中考试了，要是考不好，全给我回教室来，把心收一收！"

办公室的门忽然开了，涌进来一帮少男少女。沙元振和欧阳子方一看，却是杨略、葛怡、陶坷坷、陈子轩等人。

原来他们回到教室，听说欧阳老师被沙元振叫了去，就召唤了十来人，前来办公室护驾，在门外听了许久，大伙儿真为欧阳老师的言论所振奋。杨略一时激动，就推门进去，大声说道："沙老师，欧阳老师，我们向你们保证，锻炼学习两不误，这次期中考试，我们肯定考高分！”

其他同学也异口同声，集体起誓。沙元振虽然观念陈旧，且有些功利之心，但毕竟是个心地善良的老师。他看着同学们刚毅的表情，心里也有些欢喜，作为有经验的老教师，他深知情绪的作用，于是走过去，一个个拍他们的肩膀。

“好，精气神不错，我就给你们这次机会！好好干！”

欧阳老师也很激动，搂住学生的肩膀，心潮澎湃，觉得这些学生简直可爱极了。

既然起了誓，大伙儿也没了退路。毕竟，这关系着班级荣誉和个人脸面呢，谁能不拼一把呢。欧阳老师真的成了统帅，他将杨略爸爸关于自控力的九堂课内容进行浓缩，总结出简单可行的攻略，让全班同学进行训练，一时颇见成效。

这一日，欧阳老师回到办公室，在电子邮箱里看到了一封邮件，却没有署名。

欧阳老师：

您好！

我是怀着很沉重的心情给您写信的。现在就快期中考试了，我心里越来越紧张。我家在农村，爸妈都是朴实的农民，家境比较贫寒，一直对我寄予厚望。您也知道，对于我这样的“农二代”，除了凭借自己的努力，考上好的大学，基本上没有其他出路。

我高一时成绩不错，但之后误入歧途，沉迷网络，如今想要学好了，也曾努力了一阵，但成绩依然不理想，心里感到极大的压力，脑子里始终是绷紧的，就想着一个事儿：一定要考好，考上重点大学、名牌大学，这是我唯一的指望。所以最近常常五点半就醒来，翻来覆去，再也睡不着，于是干脆起床看书，课间也片刻不敢荒废，心里惶惶不安。有人说，高考前应当保持平常心，但我根本做不到。因为考不好，我只有死路一条。

老师，您能理解我此刻的状态吗？您能帮帮我吗？

致礼！

您的学生

欧阳老师看到“死路一条”时，心里猝然一惊，仿佛看到了一位学生面如死灰，拿着高考成绩单，站在高楼之顶，望着眼前江山无限，却没有一条属于他的出路，而后迈出一条腿……他可不能让这样的事情发生。

他在想，这个写信者是谁？他该怎么回呢？他一时心乱如麻，如履薄冰。最后，他将这封信转给杨略爸爸，让他提提建议。他们素有联系，时常一起探讨些问题。

恰好杨略也刚刚给他爸爸写过一封信，因为他最近时常感觉时间不够用，对期中考试的成绩又看得太重，所以颇有些焦虑。同时，陶坷坷也说过类似的情况，近来她妈妈进步神速，已成功减了肥，并与过去芭蕾舞团的团长联系了，通过测试，预备参加 11 月底的一场公开演出，这让陶坷坷倍感压力。杨略把情况汇总了一下，向爸爸倾诉。杨略这封信寄得早，所以在欧阳老师看来，杨爸爸的回信来得极快。

第十课　压力管理和超常发挥

欧阳老师、杨略及其他同学：

见字如面。

从你们的信里，我看到了高考压力造成的巨大影响。考生们都很努力，他们有理想，也正因为如此，所以承受着更大的压力，失去了内心的平和，久而久之，会造成许多心理问题。

所以，在自控力的第 10 课，我们就谈如何管理压力，增强耐挫力，掌控自己的心灵，并争取在考试中超常发挥。

压力来自何处

首先，我们来谈谈压力的源头。当我们认为处理事情所需的能力超过我们拥有的能力，心里就产生了压力。对于高考，因为竞争激烈，影响深远，所以考生或多或少都会感受到压力。

但不同的考生，对于高考压力会有不同的反应(如下图所示)。

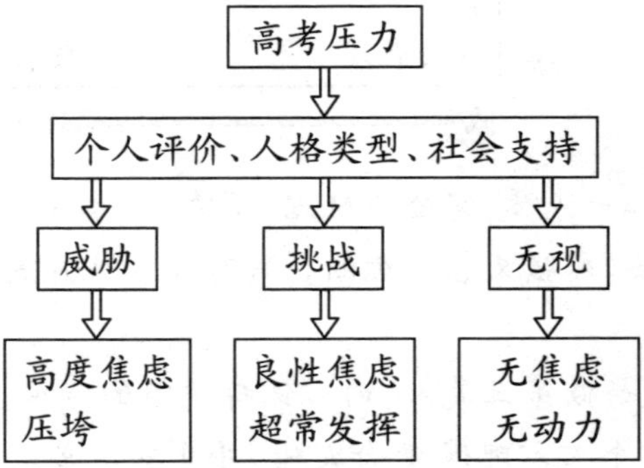

第一类人，将高考视为畏途，尤其是一些农村孩子，高考是他跳出农门的关键一步。以后做农民工，还是做都市白领，就在此一举。一念及此，他们就会无比焦虑，而这种焦虑反而让他们难以静心学习，甚至在精神上被压垮，在考试时容易出现思维短路，脑中一片空白。

第二类人，无焦虑无动力，走了另一极端，浑浑噩噩，散漫度日，无视高考的压力。或许你会认为他是官二代、富二代，继承了千万家产，敢在考场上大喊一声："爷爷我不考了！"那当然牛气得很。但实际情况并非如此。许多人面临高考而紧张不起来，恰恰是内心对高考选择了回避，或者真的相信了"平常心"之类的劝告，于是内心全无焦虑，好像很逍遥，但也因此缺乏动力，很难有出色表现。

那么，有压力不行，没压力也不行，到底怎样才行呢？其实，焦虑水平和考试表现水平呈现出下面这个曲线。

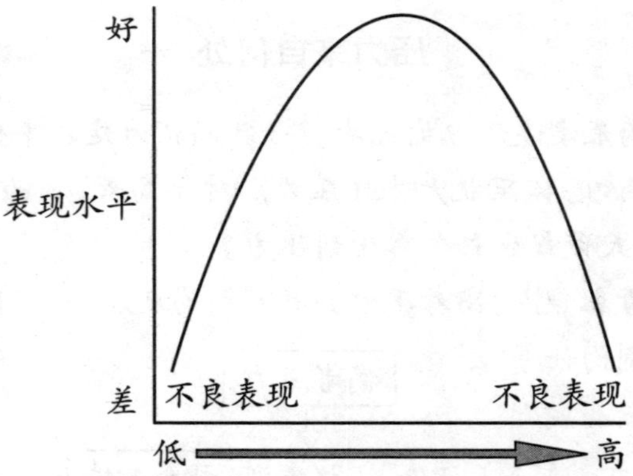

如果把人比作一张琴，完全不焦虑，不紧绷，琴弦就会松弛，拉不出声响。如果焦虑过甚，琴弦又容易绷断。只有在良性焦虑中，琴弦上才能飞出快乐的黄莺。

所以，我们最好做第三类人，内心保持适当的焦虑。奥地利心理学家弗兰克尔认为，一个人心理健康的基础，并非知足常乐，而是目前现状与心中理想之间存在的差距。换句话说，一个心理健康的人，面临高考，需要一个目标，既有挑战性，又不是虚无缥缈，让自己处于良性的焦虑之中，这样才能催促自己努力，并从容迎接高考。

如何克服高度焦虑

如果你走进一片黑森林，四处巨木参天，遮天蔽日。林子中时常响起各类野兽的鼻息，显然是危机四伏。这个时候，你如果还在闲庭信步，那么一旦危机降临，你将会束手待毙。为了应对突发情况，我们必须紧张起来，让头脑高度警惕，身上肌腱绷紧，以便一遇险情就迅速反应。

从生理的角度看，一个处于压力下的人，身体分泌出大量的压力荷尔蒙，其中以肾上腺素和皮质醇最为重要。肾上腺素使身体处于一个"动员备战"的状态，使心跳加速，交感神经系统活跃，意识警觉，随时准备应付威胁的出现；皮质醇的作用是加速体内的蛋白质分解，以补充作战所需的能量消耗。

但长期产生大量的肾上腺素和皮质醇，会抑制了许多在生存遇到威胁时变得不重要的身体功能，例如消化系统、学习和记忆功能等。所以，如果我们长期处于压力之下，容易造成学习效率下降、学习能力退化等，这样又造成新的压力，于是产生了恶性循环。

那么，我们该怎样克服高度的焦虑呢？

第一，为明天做规划，但不要为明天焦虑。

我们的压力和焦虑，往往源于失控感。如果你能做好规划，按部就班，一步步完成分割的任务，慢慢向目标靠近，心里就会觉得安宁、充实。所以，从今天起，就做好时间规划表，其中包括月规划、周计划、日规划。规划要循序渐进，开始时安排较少的任务，而后逐渐增加任务。每完成一项，就打一个勾，这会让你非常满足，摆脱心虚和惶恐，从而有效地稀释压力，逐渐积累自信心。

第二，活在当下，关注此刻。

庄子曾说，人容易“坐驰”。意思是说，我们的大脑不会有片刻的停顿，万般意象往来奔驰，所以永无宁日。这时，我们要学会“活在当下”。在时间表的指引下，学习时心无旁骛，专心致志。做完之后，就全心投入放松，比如大声唱歌、全力运动、肆无忌惮地说笑，让身心都放松下来。而后，再全心投入学习。如此一张一弛，每一刻都认真地度过，才算是积极的生活。

第三，放眼长远，看淡暂时成败。

容易焦虑的青少年，凡事从一个极端走向另一个极端，假如某种情况未臻完美，就认为是个彻底的失败。如：“我没有考上大学，那我的一生就完蛋了。”

其实人生很长，高考只是一个关口。我们谈人生规划，最重要的是确定人生方向。现实中不如意事十常八九，具体目标或许都有失败的可能。但关键是要记得当初的梦想，不怨天尤人，不自暴自弃，而是保持前进的步伐，看淡暂时成败，坚持下去，就会比别人走得更远，走得更高。

梁启超说：“天下之理，不外因果。不造因则断不能结果，既造因则无有不结果，而其结果之迟速远近，则因其内力与外境而生种种差别。”意思是说，我们一旦用心做事，必然会有结果。只是这结果可能立竿见影，也可能姗姗来迟，可能有心栽花花不发，无心栽柳柳成荫，又可能是前人栽树后人乘凉。总之，要来的迟早要来。做事尽心尽力，便立于不败之地。而畏葸不前，或是一旦没有看到成果，就半途而废，只准备投机取巧，那只能立于全败之地。我们此时的用功，或许在高考成绩中体现出来。即便暂时不能，人生很长，如果持续用功，必会在未来有所建树。

第四，没有怀才不遇这回事。

著名设计师包益民写过一篇文章《没有怀才不遇这回事》，题目振聋发聩，文章同样发人深省。他说："从艺术史上可以看到，许多所谓'怀才不遇'的艺术大师，事实上并不像世人所认为的一辈子潦倒、默默无名而含愤去世。他们往往在世时就是许多人公认、推崇的艺术家。例如穷困潦倒、割耳示爱的艺术大师凡·高，在生前就已是小有名气的画家，作品受到一些收藏家的喜爱，已受到广泛的关注。"所以，只要努力做自己喜欢的事情，培养出才华，必能得到应有的认可。我们若能将如此心态放到学习之中，就能平心静气，焦虑渐消。

考前紧张不起来怎么办？

另外有些学生，情况似乎完全相反。让我们想象一下这样一个场景：马上就要高考了，黑板上写"距离高考还有80天"，教室里弥漫着大战在即的气氛，同学们临阵磨枪，每日三点一线，脸上都是紧绷绷的。

可唯独马鑫好像是个异类，越临近考试，他心里越是松弛，明明知道有许多知识点还没背熟，手里拿本小说，居然会一直读下去，把课本丢在一边。表面上神定气闲，可内心里却惶恐不已，像摸着黑走路，不知道下一脚会不会踩进什么深坑里。

你或许会认为他是个散漫惯了的学生，已经破罐子破摔了。其实不是的！他的成绩还不错，高一高二在班里都名列前茅。到了高三上学期，他也努力了一把，在几次模拟考试中，成绩都还不错。可是从这学期开始，这种劲头开始消退了。他有些疲倦、厌学、无所事事，看到书本和习题就觉头疼。

家里人问他："你有压力吗？"

他嘟哝道："我最大的压力就是没有压力！"

家里人以为他成竹在胸，都很高兴。但马鑫知道，没有压力，就没有动力，没有动力，又能跑多远呢？所以他现在最担心的是，如果这种状态一直持续下去，肯定考不好，影响日后的前程。

其实马鑫目前紧张不起来，激发不起最后一搏的尽头，不是因为心里松弛，而是因为长期紧张过度，造成了心灵的紧绷和麻木。所以，针对这个情况，我的建议是三步法：

第一步，想一想10年后，你会处在什么样的位置。

一次讲座上，演讲者和听众互动。

"各位，请想一想伟大的发明家爱迪生。他一生中失败了多少次啊！他放弃了吗？"

"没有。"

"飞机的发明者莱特兄弟，他们也经历了无数次失败。他放弃了吗？"

"没有。"

"那么，麦克基特放弃了吗？"

"——麦克基特是谁？"

"他半途而废，轻易说了放弃，所以并没有名垂青史。"

如果放弃，你终将被人忘记，而且，你也将被自己厌弃。当然，读书的目的，并不需要你一定要名垂青史。龙应台写给儿子安德烈的一段话令人深思："孩子，我要求你读书用功，不是因为我要你跟别人比成绩，而是因为，我希望你将来会拥有选择的权利，选择有意义、有时间的工作，而不是被迫谋生。当你的工作在你心中有意义，你就有成就感。当你的工作给你时间，不剥夺你的生活，你就有尊严。成就感和尊严，给你快乐。"

所以，持续的努力读书，短期内也许看不出效果，但十年以后，它却会决定你是被迫谋生，还是能自主选择喜欢的工作，并生活得有尊严。

第二步，感受周围迎考的气氛，融入到积极迎考的氛围中去。

孔子曾说："独学而无友，则孤陋寡闻。"所以，如果感觉紧张不起来，你可以找一些成绩相仿、情趣相投的同学相约高考，互相帮助，互相监督，互相促进，互相竞争，看谁能发挥得更出色。这样，你时时不会松懈，并且能保持心情的愉快，平时和同学们多交流体验与看法，让他们的情绪感染你。

第三步，制定复习计划。

很多考生在高考前几个月，一方面觉得时间紧迫，一方面又觉得复习内容太多，于是都变得盲目而不知所措。但慌张是没有用的。你应该思考的，是明确目标，制定道路，并严格按照自己的计划去行动，避免各种不必要的纷扰，给自己注入一剂兴奋剂。同时，你要及时总结，找到复习的自我效能体验。这样会让自己觉得踏实与真实，避免坐在考场上因心虚而过度紧张。

趣味测试&魔鬼训练之超常发挥篇

克拉克是澳大利亚1960年代的长跑健将，曾17次打破世界纪录。然而，他却在两届奥运会上连连发挥失常，没有拿到奖牌，这都是因为他不能在国际大赛中很好地调整心态。

所以，在运动心理学上，克拉克的临场发挥失常被称之为"克拉克现象"。在考场上，学生面对试卷就心跳加快，脑海一片空白，这也是典型的"克拉克现象"的表现。

与此相反，有些考生坐在考场上，精神高度集中，思维非常快捷，处在一个高度心理流畅的状态——也就是我们上文说的"心流体验"——极大限度地激发一个考生的答题热情和能力，不仅得到超常发挥，而且非常享受整个考试过程。

你知道吗，我在考高考语文时，写最后的作文题，发现越写越流畅，嘴角就带着笑意，让监考老师非常意外，以为我作弊得逞呢，就不停在我身边转悠。幸亏我心无旁骛，所以"思维如奔驰，下笔如有神"，最后果然成绩不错。而在这当中，平常所学当然是基础，但考试时的良性焦虑也起到了极大激励作用。

其实，在每年的高考当中，有许多考生之所以成绩不理想，不是因为知识不扎实，也不是因为不懂考试技巧，而是因为他们过于焦虑不安，思维短路，最终导致临场发挥失常。

如何达到良性焦虑呢？

那就需要积极的心理调适。所谓心理调适，就是在帮助考生养成对高考的积极心态，并练就一套对自己行之有效的心理暗示及放松方法。心理调适的核心在于合理变通，有效自控，就是通过积极有益的心理调适方法，来变恶性刺激为良性刺激，化压力为动力，以最大限度地发挥个人的能量，并不受种种不良外界因素的干扰。

具体地说，心理调适希望培养考生以下四条：

一，坚定的高考信念——相信自己的能力与实力，相信自己会尽力而为的。

心理学家西恩·贝洛克说起一个有趣的故事，他面对数千人演讲时，一开始也觉手足无措，但他脑海中飞速地闪现摆在书架上的获奖证书以及学位证书，于是心里有了底气，避免了思维短路。他利用自身的优势，提高了自信心，能有效抵抗心灵焦虑。

所以，作为考生，可以在考试之前，花几分钟写下自己曾有的业绩，罗列各方面的优势，重新肯定自己，可以增强你的自信心，增强你的表现力。同时也能让你意识到，一次考试的分数并不能判定你的终生。

写下你的优势：

____

____

____

二，适度的考试焦虑——将自己的考试焦虑调适到一个恰到好处的地步。

（一）把自己的担忧写下来，让最坏的状况罗列于眼前：

____

（二）然后再问自己：我能接受这样状况吗？能：______ 不能：______

（三）如果能，心理压力就会减少。如果不能，那么再问自己一个问题：我该改变这种状况吗？

____

在高考中，最糟糕的情况就是考砸了，重读一年，晚一年上大学，天不会塌下来。更何况，按现在的成绩只要正常发挥，不可能考砸，那有何必担心呢？只要按部就班学习就行了。这样的三步，可以削弱高压环境下心里的焦虑感和对自己的质疑。

三，有效的心理暗示——不断地磨炼出一套对自己行之有效的心理暗示方法。

马家军主帅马俊仁最懂得心理暗示法。临到比赛前，他编了几道口令。当队员跑了一圈后，马俊仁高喊："现在心里想什么？"队员回答："道路曲折，前途光明！"再跑了一圈，他又喊："现在想到什么？"答："比起革命前辈，这点苦算什么！"又跑了一圈，"该想什么了？"队员回答："下定决心，不怕牺牲，排除万难，去争取胜利！"到最后冲刺阶段，当队员跑到他的位置时，只听马俊仁与队员一起高声疾呼："不成功，便成仁！"

长跑训练是一项极为枯燥的运动训练，运动员必须在长时间内忍受巨大的紧张压力，此时搞一些心理调适活动，无疑会强化人的行为动机。他的语言暗示有强大的激励作用。

无独有偶，传奇班主任王金战也为学生设定了许多名言，让他们反复吟咏，在激情澎湃的诗歌中振作。

立志篇。会当凌绝顶，一览众山小。

情操篇。不畏浮云遮望眼，只缘身在最高层。

勤学篇。时人不识凌云木，直待凌云始道高。

挫折篇。不经一番寒彻骨，哪得梅花扑鼻香。

你也可以选择自己的座右铭，时时默念，激励着你前进。

四，正能量——如果你想快乐，那就微笑吧。

威廉·詹姆斯提出的"表现"原理，它认为情绪影响行为，同时行为也能影响情绪。他说："如果你想拥有一种品质，那就表现得你像是拥有了这个品质一样。"人们通过有意识的操纵自己的行为，获得某种积极的"正能量"的积聚，从而获得正面的情绪。这样，控制自己的情绪变得如此简单：如果你想变得快乐，那先微笑吧；如果你想变得自信，那先昂首阔步吧。

五，简便的放松方法——不断地磨炼出一套对自己有效而又简便的身心放松方法。

要取得好成绩，要保持节奏和作息规律去学习。课间的放松很有必要。比如听一首钢琴曲，想象一幅诗情画意祥和的田园诗般画卷，以一望无垠的大草原或广袤的沙漠为背景，触发你所有的感官去体会。你能嗅到空气中弥漫淡淡的花香?你能听到鸟儿欢唱，感觉到清风拂面吗？你不能区分哪一个是想象图景哪一个是现实?焦躁不安时，冥想吧，它会给你带来安静。

一晃三个月过去，到这里，自控力的十堂课全部讲完了，“纸上得来终觉浅，绝知此事要躬行”，希望同学们能积极实践，不断调整自己的状态，用强大的自控力去赢得高考，也希望自控力永远伴随你们左右，帮助你们获得幸福、充实、开阔的人生。

祝福你们！

你们的大朋友

杨启清

11 月 17 日

杨略照例把邮件打印下来，趁中午时分在教室里读信。他不太相信威廉·詹姆斯所说的行为决定情绪。毕竟，我们因为悲伤才流泪，而不是流泪了才悲伤。不过，身体与意识之间的关系，经过了亿万年的进化，或许真的不是一主一仆，而是互为因果啊。

他尝试着放松肌肉，对着镜子，脸上露出笑容，并且发出呵呵的笑声。顿时觉得心里的淤塞打通了，一流清泉淙淙而过，眼前的景色空明起来。

一旁的曾泉说：“大清早的吃错药了？傻笑什么呀？”

又过了几天，一个消息传遍了全班。陈子轩的一组漫画完成，在网上发表了，据说将在《绘心》上发表了。这杂志可不得了，汇集了国内众多漫画名家，诸如夏达、口袋巧克力等人都在上面发表作品，在青少年中极有声望。所以，陈子轩平常不显山露水，现在算得上一举成名，让人刮目相看，大家争相传阅。

杨略把自己的学习小组叫到一起，要给陈子轩庆功。

陈子轩倒有些不好意思，连连推脱："这都要考试了，还庆什么功啊！"

杨略说："得庆功啊，你这可是向理想迈进了一大步！在我看来，这比高考得了高分还重要呢！"

陶坷坷也说："干脆，明天是周六，我们去郊游。最近都憋坏了！"

葛怡和曾泉自然也响应。于是时间确定下来，第二天上午一起去爬西湖边上的宝石山。

虽然是 11 月了，但宝石山上草木依然青翠。偶有悬铃木、无患子的叶子转黄，飘落在生满青苔的石阶上，在阳光下色彩明丽。宝石山不高，少男少女身体轻便，不多时便到了山顶。在累累的巨岩上，保俶塔如青锋刺破蓝空，让宝石山在妩媚中添几分英武。站在山顶，西湖全然入目，水面如镜，苏堤白堤如纵横两条绸带，飘入水中，加上垂柳如烟，游人如织，真是如诗如画。

杨略看得心旷神怡，就对陈子轩说："你做一幅画，我给你配诗。"陈子轩也不推脱，就拿出速写本，在一旁静静作画。杨略也拿出本子，写一些诗句。陶坷坷和曾泉围着保俶塔给葛怡拍照。

过不多时，陈子轩画好了，杨略的诗也写好了。曾泉拿过画，展开在面前，一副行家的派头，开始评点："嗯，这满纸烟云，啊，这湖光山色，不错，很有意境！"

葛怡则开始念杨略的诗，《十月的江南》：

在秋风与鸟声中微笑的江南
到十月还不曾改换毛色
那些清秀的小山着急了
没有树叶作被，怎么抵御严寒？

十月的江南桂花渐落
十月的江南残荷未残
一杯清茶还未饮尽
一串雁鸣便惊醒猫一样的江南

真该和你一起，站在宝石山顶
对着蓝天高呼：风啊，风啊
风就来了，吹动杯中轻漾的江南

真该和你一起，静静坐着
让风吹动你，再吹动我
让我们白衣飘飘地，坐在十月的江南

念着这首诗，葛怡想到了和杨略的约定，一时有些愣神，风轻轻吹着她的脸。陶坷坷在一旁叫好，说诗画相和，堪称双绝。曾泉却咧着大嘴说："我看啊，还有一绝，这读诗之人，和诗画也是绝配啊！"

葛怡脸上一红，就打开了饮料，一一分过去。大家举杯欢庆，喝了不少果汁饮品。曾泉忽然说道："子轩，你最近可真是让人刮目相看啊。"

陶坷坷也说："简直是判若两人啊。"

陈子轩浅浅地笑着："那我以前怎么样，现在又怎么样？"

陶坷坷向来是不客气啊，张口就说："以前像人渣，现在呢，倒像个人才了。"

杨略看他说得难听，怕陈子轩生气，连忙说："子轩，你是怎么转变的呢？"

陈子轩说："杨略，说起来，还真得感谢你爸爸。"

曾泉拍着他们的肩膀。

"这倒是实话，杨驴，你有这么一个爸，一直激励着你，顺带着把全班都激励了。说实在的，我真是羡慕。”

杨略一阵自豪，嘴里正要谦虚，陈子轩却幽幽地说：“其实也没什么好羡慕的，因为每个爸爸都会用某种方式来激励自己的孩子……”说完，嘴角颤抖，眼睛竟有些湿润。

曾泉看他表情骤变，不由来了兴趣，追问道：“那你爸是怎么激励你的？有没有说，等你考上名牌，奖你一辆宝马？”说完，就咧着大嘴笑开了。在他看来，陈子轩的爸爸肯定是个暴发户，金链子特粗的那种，所能拿出的激励，不过就是钱啊，名牌服饰啊什么的。

陈子轩却没有笑，眼睛里转着泪珠，鼻管里发出响声，像是努力控制着情绪，然后才轻轻地说：“你们看过前几天校园论坛上的一个段子吗？一个学生经常翻墙去上网，一天回校时，见到墙角有人，他像是见了鬼，跳进学校后，第二天就开始发愤苦读。因为墙角那人是他爸爸，来给他送生活费，晚上舍不得住旅馆，就在墙角下将就一宿。”

说到这里，陈子轩再也控制不住，眼泪流淌下来，低下头去，肩膀不停地抽动。曾泉和杨略面面相觑，各自揣测。这个段子很火，他们都看过，可这段子与陈子轩有什么关系呢？过了许久，只见陈子轩泪眼模糊地抬起头来，声音含糊抖颤地说：“这个段子就是我写的，我，我就是那个学生！”

曾泉十分吃惊：“你，你不是富二代吗？”

“我是负二代，负债的负。”

陈子轩开始诉说自己的事情。原来，陈子轩的家境很一般，母亲前几年过世，治病欠了一身债，爸爸没什么本事，农活之余，就打打零工，做点小买卖，辛苦地供他读书。他初中时名列前茅，所以考进了一中，并且进过第一考场，算得上前程似锦。但有个人彻底改变了他。

高一秋天的一个傍晚，他去图书馆，在上楼梯的时候，遇见了一位隔壁班的女生。擦肩而过时，他们双目对视，女生忽然微微一笑。或许她只是出于礼貌，显示出良好的教养，但他猝不及防，像是遭到了雷击。

那女生身材不高，却极匀称，留着俏皮灵动的短发。尤其引人注目的是，她有一双会说话的眼睛，不大，却细长，眼角斜斜地向上，配以微笑时露出的浅浅酒窝，别有一种妩媚甜蜜。他沉浸在相视一笑的甜蜜里，就很想再遇见她。心里存此热念，上天就遂了他的心意。在教室走廊，在操场，在小花园，他们处处相遇，每次都是相对一笑，让他如沐春风。女孩喜欢打扮，总是穿得亮丽时尚。就算穿校服，她肌肤赛雪，也别有一番韵姿，让他觉得赏心悦目。

但陈子轩是自卑的，觉得此等女孩，出生优裕，在蜜罐里泡着，又岂会看上他？所以他纵然爱意缠绵，却不敢心存幻想，在日记里写了些忧伤的文字。

我觉得她注定会成为我的记忆。无论过多少年，都会记得。或许是听了一首老歌，看了一张老照片，或是仅仅吹了一阵小凉风，就会想起她，一个穿白裙的女孩，行走在闪烁的阳光里，手指将头发捋到耳朵后面，擦肩而过时，对着我浅浅一笑，就径直走过去了，消失在爬满常青藤的走廊里。

他本该就这样保持甜蜜的关系，安静地读书，默默地暗恋。他还做过美梦，有朝一日，他高考得胜，再向她表白，演绎一个“小姐红尘识英才，落难公子中状元，奉旨完婚大团圆”的古典浪漫爱情故事。

这样过了半年，终于有一天，他的美梦破灭了。他在校外买东西，发现了那个女生。不过不是一个人，她的旁边有一个高高大大的男生。那男生衣着光鲜，举止洒脱，看上去隐约有些面熟，应该是已毕业的学长。女生依偎在他身边，穿着流水般熨帖的长裙，笑容灿烂，像是盛开的水莲花。男生的手，从容地搭在她的腰上。他们的身后，是一辆漂亮精致的保时捷。

陈子轩一时落入了冰窟，却什么也做不了，只能等那男女生开车走远，才失魂落魄地回到学校，买的东西也忘了拿。已经是初夏，但他坐在被炎日烧灼的石椅，迎面是滚烫的风，却无知无觉，只有内心浊浪翻滚。他抱着头，垂下去，看到脚上的旧鞋，鞋底已磨得光溜，鞋面也在变形，寒碜而愚蠢。运动裤上卷着一片小绒球。他已经很久没有购置新衣服了。

出身贫寒，让他不能有光鲜的穿着，更丧失了自信与风度。他站起来，沿着校园只是走，要把无数的念头甩在身后。一丛丛棕榈，还有龙舌兰，都乱着尖锐的头发。卵石小路像是布满鳞片的大蟒，从草坪上缓慢爬行，腹部与土地摩擦的声音，干涩而粗粝，传进他的耳朵，像是摩擦在他的心里。

他想叫喊出来。

但他终究哑默无语。

但他开始悄悄变化了。原先非常节俭，现在也开始买新潮的衣服。生活费明显不够了，他偶尔去向姑姑、伯伯那里借。正如他所言，姑姑伯伯开农场，开饭店，的确家财万贯。他们没文化，觉得这侄子有出息，代表着陈家的脸面，所以往往一边掏钱，一边会说："轩啊，下次缺钱花，你就跟我说。吃好点，穿得体面点，别让外人瞧不起咱们陈家。另外，这事不要跟你爸说。他是个榆木疙瘩，死要面子活受罪。"

但陈子轩也是好强的人，他们越这样说，还越不好意思去借，所以在花销方面，主要还是爸爸资助。他每次回家，都会以学校买校服、交各类费用为由，向爸爸要钱。当爸爸拿着一堆凌乱的散钱给他，显然是做小买卖挣的，他的心里也有些不忍。但他脑海中马上会浮现出那对男女生的形象，觉得他之所以不能那样光鲜潇洒，青春得意，就是因为出身不好，所以爸爸再怎么补偿他，也是应该的。

他把钱用在了刀刃上，几身衣服颇为考究，偶尔也摆阔请同学吃饭。高二时，他分到文科班，同学不知底细，以为他是富家子弟。他也乐意别人有这种误解，借以满足了他的虚荣心。同时，他也迷上漫画，动手画了不少作品，又因为模仿动漫作品，不幸迷上网游。虽然也明知这样下去耽误前程，而且看了杨略爸爸的信后，也的确有悔恨之意，但他还是不能自拔。

直到那一晚，他翻墙时撞见了爸爸，虽然当时天黑，他又用衣领挡着脸，爸爸并没有认出他。但他回到寝室后，越想越难过，觉得自己真不是东西。尤其是想到此刻爸爸为省几个钱，睡在寒风中，以前他就有肺病，哪里经得起受冻，他不由涕泗交流，想到自己平常的花销，都是爸爸这样节省下来的，不由狠狠抽了自己几个耳光，从此下定决心，要改过自新。

听到这里，大家都觉得意外，原来貌似玩世不恭的陈子轩，心事却远重于他人，一时都百感交集，若有所思，不知该说些什么。

陈子轩抬起头。秋天的天空蔚蓝开阔，只有几片鱼鳞般的云层，在天边疏疏地排开。湖面上，几只白鹭展开翅膀，轻捷地掠过游船和沙堤。

“以前我觉得，贫穷是种耻辱。现在才知道，不敢正视贫穷，才是真正的耻辱。或许……或许我领悟得太晚，浪费了太多时间，”他又叹口气，“现在我就怕之前落下太多，再也赶不上去。”

“子轩，”说话的是杨略，“我相信一句话，只要开始，无论何时都不算晚。不管结果怎样，只要奋斗了，无怨无悔就好。”

陶坷坷说：“我也是浪荡多年的人，现在回头想想，往事真的如烟啊。那些浪费掉的时间，在脑子里一点痕迹也没有留下。而过去几个月，我踏踏实实学了一阵，虽然进步不大，压力不小，但每天都在生命中留下深深的印记。我觉得，这样的日子才是为自己过的。”

曾泉被陈子轩的诉说所感染，也一改往日嬉皮笑脸，坐在塔下的石头上说：“人生的意义，也许就是为一件事或一个人花心思，甚至花心血，比如孔子周游列国，岳飞奋起抗金，还有我们追逐自己的梦想，无论贵贱，不管成败，人生都因此而变得沉甸甸的。”

他那一张大嘴，原本都是嬉笑的，如今却谈古论今，极为严肃，倒颇有几分滑稽。

葛怡坐得像一条美人鱼，清风吹拂秀发，双眸清澈明朗，静静地听几位男生发言，心思飘得很远。她轻轻地说着话，与其说是给别人听的，不如说是讲给自己听的。

“每一个不满意的现在，都有个不努力的曾经。我想，我的努力，并不是为了荣华富贵，而是为了自由，可以选择职业和生活方式的自由。”

此语一出，大家纷纷点头叫好，陶坷坷将杯子举起来。

“为了自由，干杯！”

“干杯！”

清朗朗的笑声，惊起了塔顶上息羽的一群鸽子，扑啦啦振翅飞向高远的天空。他们目送着飞鸽，看它们雪白的身子映在阳光里，洁净，明亮，渐渐化入了白云之中。杨略忽然想到了那个飞翔的梦，似乎感到肩胛骨胀胀的，有一对白色的翅膀要绽放出来，一边是理想，一边是意志，它们将凌云高举，带他飞入自由的天空了。

尾　声

12月的一个周末，陶坷坷、杨略、葛怡等人坐在大剧院的观众席里，屏息静气地观看舞台上的表演。这一天是陶坷坷妈妈芭蕾舞《天鹅湖》的公演之日，他们早早拿到了票，来大剧院里捧场。

关于《天鹅湖》的故事，他们已复习了许多遍，个个如数家珍。公主奥杰塔在天鹅湖畔被恶魔变成了白天鹅。王子齐格费里德游天鹅湖，深深爱恋奥杰塔。王子挑选新娘之夜，恶魔让他的女儿黑天鹅伪装成奥杰塔以欺骗王子。王子差点受骗，最终及时发现，奋击恶魔，并扑杀之。白天鹅恢复公主原形，与王子结合，故事以美满结局结束。其实知道故事是次要的，他们重点是要看陶妈妈表演的公主奥杰塔呢。

一出场，众多天鹅轻盈地踏着舞步进场，动作舒展，高贵，很有灵气，全无一字对白，仿佛真的是天鹅在飞翔、戏水一般，清新脱俗，富有含蓄的美感。剧场里顿时清凉下来，像是沐浴在初春天鹅湖的雾气之中。

杨略等人望眼欲穿，终于等来奥杰塔的一段独舞。奥杰塔爱上了王子，要向他倾诉，却又难以掩饰内心的不安。

陶妈妈出场了，她身姿颀长，有种流水的细腻和妥帖，高傲地举起手臂，头低下去，足尖轻轻点地，继而抬头，看向天空，双臂在美妙地挥舞。这一俯一仰间，有着无限心事。继而她身体前倾，双臂向后打开，做出飞翔的姿态，修长的双腿轻轻跳跃，但却飞不起来。一种神秘的力量牵制着她。奥杰塔无奈之下，在原地用脚尖急速地旋转，旋转，双臂轻盈地上下挥舞，说不尽的优美与流畅。继而，它又一次抬头，展翅，像是要冲上蓝天，获得自由，却又再次被神秘力量束缚在地面上。她柔肠百转，低回不已，知道了自己的命运，只能等着王子用爱情来挽救。

陶坷坷目不转睛，看着妈妈的身形与舞姿，禁不住热泪盈眶。舞蹈是妈妈的梦想，虽然搁置多年，但依然魂牵梦萦，不能舍弃。所以她只用了四个月，短短四个月，就恢复了体型，和少女们一样，压腿、压肩、劈腿跳，一丝不苟，留下许多瘀伤，却终于在舞台上翩翩起舞，兑现了与他的约定。

此刻，他很想问问观众们，有谁能想到，这轻盈的舞者已40岁，而且离开舞台18年了呢？啊，有这样的意志，世间又有什么事情做不成？他的心里像燃起了一盆烈火，学习的困难，前途的忧虑，一时都烧成了灰烬。

终于，表演结束了，演员集体来谢幕。陶坷坷不顾一切，冲出观众席，跳上了舞台，紧紧地抱住妈妈，并向身后惊讶的观众高呼："她是我妈妈！最棒的妈妈！"

观众听得明白，于是又掀起如雷的掌声，经久不息。演员们也都纷纷围上来，与这对可爱的母子抱在一起。音乐还在激越地奏响，仿佛天籁之音，溢出剧场，溢出剧院，飘向空阔高远的夜空。

杨略回到家里，依然沉醉在高雅的舞剧之中，就写了一首诗，要送给陶妈妈。最近他的诗越写越多，也越写越有心得了。

舞　者

你用身体作诗
旋转成一朵白莲花
水光四溢

于是，整个舞台
不，整个剧场
就化作清池
所有眼睛都是浅蓝色的小鱼
在你柔软的腰际
缓缓游动
在时间与时间之中

找到一条安恬的缝隙

而你的身体在上升，上升
又化作一挂飞瀑
不，是一支瑶琴
奏响
高山流水

他轻轻念了几遍，觉得很满意，就打开QQ，要把诗发送给陶坷坷。正在这时，房门被推开了，妈妈走了进来，却是泪眼婆娑。

“妈妈，你怎么了？”

“你爸爸要回来了。”

“爸爸回来，你怎么还掉眼泪？发生什么事了？”

“可能……可能，你看到的爸爸，和以前不太一样了。”

杨略的脑子嗡的一声，种种猜测涌向脑海。难道爸爸遭遇了车祸，甚至是空难？那他现在是死是活？他站起来，用力抓住妈妈的双臂。

“爸怎么了？”

“他……唉，这事迟早得跟你说。他今年体检，确证得了肝癌，晚期的，这次去美国，就是为了治病。在那里，我认识一个世界顶尖的专家……”

杨略只觉得眼前一黑，周围的一切都变得虚飘飘的。

“肝……癌！我怎么不知道？”

妈妈用手捂着脸，泪水从指缝间渗出来。

“怕影响你学习，所以一直没说。”

杨略想起爸爸临别那天的种种情状，精神不振啊，腹痛啊，一个拥抱啊，顿时心中明白，原来那都是征兆，可惜自己完全没往那方面想。而这几个月来，爸爸写了那么多信，居然是在病榻上完成的……

杨略鼻子发酸，嘴角像含了热汤，不住地颤抖，眼泪大颗大颗地涌出眼眶，迷糊了视野。

“那，那爸爸治好了吗？”

“经过了很多次化疗，癌细胞基本被杀光了，可是他来电话说，现在他的头发也掉光了，还很瘦，你看到了，千万别吓一跳。”

想象着爸爸这三个月里历经的苦难，还有此刻的憔悴模样，杨略心如刀绞，眼泪刷刷地滑过脸颊。

“爸爸什么时候到？”

“明天的飞机，后天到家。”

杨略闭上眼睛，默默祈祷：“爸爸，你一定要好起来，好起来，如果可以，我甘愿减几年寿命，来换取你的健康，只要你好起来，我什么都愿意去做……”

窗外的月光，冰凉地落在树叶上，草坪上，楼宇上，初冬的虫声那样凄切，呜呜咽咽的，倾诉了无尽的伤心事。

但杨略抬起头来，捏紧了拳头。

“爸，我们一起来战胜病魔！”

下部预告

《你在为谁读书 4:青少年幸福行动力》

杨略的爸爸身患绝症，对幸福有更直接的感悟。他惦记着杨略的成长，于是开发了一套游戏软件，带杨略进入神奇的醒客世界，开始了 15 堂幸福课。在梦幻般的世界里，他们遇到了众多世界伟人——孔子、苏东坡、萨特、史怀哲、亚当·斯密、凡·高等等，一同探讨心灵的成长，也看到了复活节岛的盛衰史，见证了牧野之战、巨鹿之战等历史时刻。

他们的话题包括三个部分：第一部分，幸福在于人与自我的和谐，用自主选择达到自我实现，用自强保持生命的活力，用自律达到行为的节制，用自乐让内心恬静宽阔，用自爱来达到对自我的认可；第二部分，幸福在于人与社会的和谐。相竞共存包括社会的活力，公平正义决定竞争的有序，用民主法治来保证公平正义，这是社会这座大厦的墙壁和梁柱。而仁厚博爱、审美创造，则让大厦变得和谐、美丽；第三部分，幸福在于人与自然的和谐。尽管社会竞争，但要敬畏自然，同时做到道法自然，以生态系统的自我循环和平衡作为人类生存和发展的方式。对于个人而言，要明白天人合一，要乐天知命，最后诗意地栖居在地球之上，身心和谐，与天地精神相往来。

杨略深受启发，懂得了幸福的真意、时代的潮流，也懂得了如何修炼身心，如何融入社会。那么，他爸爸能否战胜病魔呢？

你在为谁读书 3

自控力成就杰出青少年(珍藏版)

余闲　著

图书在版编目(CIP)数据

你在为谁读书 3：自控力成就杰出青少年：珍藏版 / 余闲著. —武汉：长江少年儿童出版社, 2014.1
ISBN 978－7－5353－9920－5

Ⅰ. ①你…　Ⅱ. ①余…　Ⅲ. ①个人—修养—青年读物 ②个人—修养—少年读物　Ⅳ. ①B825-49

中国版本图书馆 CIP 数据核字(2013)第 277694 号

出版发行： 长江出版传媒 长江少年儿童出版社
出 品 人： 李旭东

社　　址： 武汉市雄楚大街 268 号出版文化城爱立方大楼　**邮政编码：** 430070
业务电话： (027)87679174　(027)87679786　**电子部件：** cjcpg_cp@163.com
网　　址： http://www.cjcpg.com

承印厂： 湖北恒泰印务有限公司　**经销：** 新华书店湖北发行所

规格： 680 毫米 × 980 毫米　**开本：** 16 开
字数： 215 千字　**印张：** 15.5
印次： 2014 年 1 月第 1 版，2022 年 2 月第 13 次印刷　**印数：** 120 001–125 000

书号： ISBN　978－7－5353－9920－5　**定价：** 35.00 元